EMF

VANESSA MAGALHAES

STREUNER

VON DER STRAßE DIREKT INS HERZ

Vom Tierschutz und dem Glück, Straßenhunde zu retten

EMF

EIN BUCH DER
EDITION MICHAEL FISCHER

EIN BUCH DER EDITION MICHAEL FISCHER

1. Auflage
Originalausgabe

Covergestaltung: Sarah Lukic, unter Verwendung eines Motivs von © Rafael Andrade
Redaktionelle Mitarbeit: Doreen Fröhlich
Bildnachweis: Hundesilhouetten: Seite 140 Shabana Yousaf/Shutterstock; alle anderen Design_Lands/Shutterstock
Layout und Satz: Michaela Zander
Gedruckt bei CPI books GmbH, Birkstraße 10, 25917 Leck

Printed in Germany

ISBN 978-3-7459-2990-4

www.emf-verlag.de

Für unsere Eltern

die immer an unserer Seite stehen -
mit offenen Ohren, starken Nerven und großen Herzen.
Die uns den Rücken freihalten, mitdenken, mitfühlen
und all unsere verrückten Ideen nie belächeln,
sondern beflügeln.
Ohne euch wäre all das nicht möglich gewesen.
Danke für alles.
Vanessa & Rafael

INHALT

INTRO

Die Sonne blinzelt durch die Vorhänge, als das sanfte Tippeln von Pfoten auf Holzfußboden den Morgen ankündigt. Noch bevor der Wecker klingelt, ist die vertraute Geräuschkulisse von Rascheln und Gähnen zu hören. Rana ist wie immer die Erste, die sich regt. Sie streckt sich genüsslich, bevor sie zu mir ins Bett hüpft und ihre weiche Schnauze in meine Armbeuge drückt. Mateo ist als Nächster an der Reihe. Er hat seinen festen Platz am Fußende unseres Bettes, eingerollt wie ein Fuchs auf der Bettdecke, seine kalte Nase unter seinem Stumpf versteckt. Mojo, unser quirliger Sonnenschein, lässt sich selten bitten – mit einem einzigen Satz springt er auf die Matratze, stupst mich an und rollt sich auf den Rücken, bereit für Bauchstreicheleinheiten. Mein Mann Rafael murmelt ein verschlafenes „Guten Morgen" und greift automatisch nach Mateo, um ihn sanft zu kraulen. Unser Tag beginnt nicht mit einem hektischen Aufspringen oder einem schrillen Wecker: Er beginnt mit Wärme, Fell, Hundeschnauzen und dem unverkennbaren Gefühl, eine Familie zu sein.

Nach einer Zeit des genüsslichen Dösens schwingen Rafael und ich uns aus dem Bett, während die Hunde bereits aufgeregt zum Flur tapsen. Die Routine ist eingespielt: Während ich mich schnell umziehe, geht Rafael in die Küche und bereitet das Frühstück für uns vor. Ich nutze die Gelegenheit, um mir eine Tasse Tee zu machen und einen Blick auf den Tagesplan zu werfen. Heute liegt ein besonderer Tag vor uns: Wir holen einen neuen Pflegehund ab. Ein weiteres Seelchen, das seine Angst mitgebracht hat und unsere Hilfe braucht. Ich atme tief durch. Ich liebe diese Aufgabe, aber ich weiß auch, dass es nie leicht ist. Ein neuer Hund bedeutet immer eine neue Herausforderung, eine neue Geschichte, die wir noch nicht kennen, ein Lebewesen, das sich erst vorsichtig öffnen muss. Doch bevor wir uns auf den Weg von Solingen nach Mönchengladbach machen, steht unsere morgendliche Runde mit dem Rudel an. Gerade an Tagen wie diesen, wenn wir wissen, dass ein Neuzugang ins Haus kommt, ist es Rafael und mir wichtig, unseren eigenen Hunden noch einmal ausgiebig Zeit und Bewegung zu schenken. Die Leinen klirren, die Aufregung steigt. Mateo bekommt seine Prothese angelegt, was mittlerweile fast schon zur Routine geworden ist. In wenigen Minuten ist alles bereit, und wir treten aus der Haustür.

Draußen empfängt uns der frische Morgenduft, während die Hunde voller Vorfreude an ihren Leinen ziehen. Wir streifen durch Felder und Wiesen, vorbei an kleinen Bächen, wo Mateo gern stehen bleibt, um ein kurzes Bad zu nehmen. Rana schnüffelt aufmerksam am Wegrand, während Mojo unbeirrt sein Tempo hält. Die Morgenrunde ist eine Zeit ganz für uns, in der wir einfach nur wir sind, ohne Ablenkung, ohne Termine. Nach gut zwei Stunden kehren wir zurück, die Hunde sind zufrieden und können sich nun zu Hause entspannen. Sie bleiben dort in ihrer gewohnten Umgebung, während wir zum Treffpunkt fahren, um unserem neuen Pflegehund, Nuka, ein möglichst stressfreies Kennenlernen zu ermöglichen. Schließlich wird die Ankunft für ihn bereits aufregend und voller neuer Eindrücke sein. Unsere Vorfreude mischt sich mit einer leichten Anspannung. Wir kennen Nuka bereits: Das erste Mal haben wir ihn im September 2023 bei einer Tierschutzaktion in einem staatlichen Tierheim gesehen, in Portugal, wo wir uns oft aufhalten. Er war noch ein Welpe, noch namenlos, keine acht Monate alt. Sein Blick, seine zurückhaltende Art – wir konnten ihn einfach nicht vergessen, nachdem wir ihn kennengelernt hatten. Als wir kurze Zeit später zwei Notfälle zu Teresa brachten, einer Tierschützerin, die auf ihrer „Pfötchenfarm" in der Nähe von Lissabon vielen Tieren ein liebevolles Zuhause bietet und sie in Familien und Pflegestellen weitervermittelt, baten wir sie, auch ihn zu sich zu holen – denn es war klar, dass er es bei ihr besser haben würde als im Tierheim, wo das Überleben eines Hundes leider oft reine Glückssache ist. In diesen Einrichtungen zählt nicht das Wesen eines Hundes, nicht sein Alter, seine Geschichte oder seine Gesundheit. Sondern einzig und allein, ob irgendwo noch ein Platz frei ist. Ist das nicht der Fall, wird eingeschläfert. So einfach, so grausam. Und „Platz" heißt nicht selten: zehn Hunde auf zehn Quadratmetern, zusammengepfercht in einem kahlen, lauten, unhygienischen Betonzwinger. Das gilt als vertretbar – solange es „funktioniert". Ein Zustand, den man kaum ertragen kann, wenn man einmal mit eigenen Augen gesehen hat, wie diese Hunde leben – oder besser gesagt: überleben. Aber auch über die Pfötchenfarm – wo er und seine Geschwister ihre Namen erhielten, alle nach Figuren aus Der König der Löwen benannt: Neben Nuka gab es noch Kovu, Kiara, Rafiki – fand er in zwei Jahren kein Zuhause, während seine Geschwister alle der Reihe nach zu ihren Familien zogen, und wurde mit der Zeit immer scheuer. Schließlich entschieden wir uns, Nuka selbst dabei zu helfen, in Deutschland eine Familie zu finden. Und jetzt ist er endlich hier. Wie wird er sein? Wird er sich uns gegenüber öffnen können? Wir wissen es nicht. Wir wissen nur, dass wir für diesen Hund da sein werden, egal wie lange es dauert. Die Fahrt vergeht in angeregtem Gespräch zwischen Rafael und mir, doch je näher wir dem Treffpunkt kommen, desto ruhiger werden wir. Am Parkplatz angekommen, sehen wir bereits andere Menschen, die auf ihren neuen Hund warten. Der Transporter steht bereit, Motor aus, und aus dem Inneren sind leise Geräusche zu hören. Ein Helfer steigt aus und beginnt, die Hunde einzeln herauszuführen. Manche springen freudig in ihr neues Leben, andere zögern, verunsichert von der plötzlichen Veränderung.

Als Jutta, eine Helferin des Tierschutzvereins vor Ort, unsere Namen aufruft, wissen wir: Jetzt ist unser Pflegehund an der Reihe, gleich wird er aus dem Fahrzeug geführt. Er ist groß, sein Körper angespannt, die Rute eingeklemmt, als würde er jederzeit die Flucht ergreifen wollen. Seine Augen sind voller Angst, sein Blick flackert. Kein Bellen, kein Knurren, nur eine tiefe Unsicherheit, die sich in seinem ganzen Wesen widerspiegelt – genau wie damals in Portugal. Vorsichtig gehen wir in die Hocke, vermeiden direkten Blickkontakt, lassen ihn selbst entscheiden, ob er sich uns nähern will. Die Leine ist straff, er weicht zurück, doch wir drängen ihn nicht. Es ist ein stiller Moment voller Respekt und Geduld. Der Fahrer des Transporters übergibt uns die Leine. Um uns herum wuseln Menschen und Hunde, doch für uns zählt jetzt nur dieser eine Hund, der uns zurückhaltend mustert, ohne zu wissen, dass wir für die nächste Zeit seine Bezugspersonen, sein neues Zuhause sein werden. Eine Weile vergeht, und als er sich minimal entspannt, verabschieden wir uns vom Tierschutz-Team und nehmen den Hund mit zum Auto, ganz behutsam. Den Papierkram haben wir bereits erledigt – der Pflegestellenvertrag ist unterschrieben, die TRACES-Papiere sowie der EU-Heimtierausweis wurden uns übergeben. Jetzt kann die eigentliche Reise für ihn beginnen. Er ist schwer, also trägt Rafael ihn die Straße entlang. Die Fahrt nach Hause vergeht in Stille. Unser Neuzugang sitzt auf der Rücksitzbank, mit gesenktem Kopf, zu verängstigt, um sich zu rühren. Wir wissen, dass der erste Tag schwer sein wird. Dass er vielleicht tagelang nicht fressen wird, dass jeder Fortschritt winzig sein wird. Doch wir wissen auch: Er ist jetzt in Sicherheit.

Als wir zu Hause ankommen, empfangen ihn unsere Hunde Rana, Mojo und Mateo mit Respekt. Sie suchen Blickkontakt, halten aber Abstand, sind unaufgeregt und unaufdringlich. Nach einem kurzen Blick zum Neuankömmling gehen sie wieder in ihre Hundebetten, machen deutlich, dass alles okay ist, es nichts zu befürchten gibt. Wir lassen ihn in Ruhe ankommen, stellen ihm Wasser und einen ruhigen Rückzugsort bereit. Die ersten Stunden werden von vorsichtiger Annäherung geprägt sein, von leisen Momenten, in denen wir einfach nur in seiner Nähe sind, ohne ihn zu bedrängen. Der Abend bricht an, und unser Zuhause fühlt sich wieder ein kleines bisschen voller an. Ein weiteres Leben, das sich langsam entfalten darf. Ich beobachte Nuka aus dem Augenwinkel, wie er sich zaghaft zusammenrollt, noch immer misstrauisch, aber ein kleines bisschen ruhiger als zuvor. „Nuka" bedeutet übrigens „kleiner Bruder" – wie passend, denke ich, als ich ihn beobachte, wie er an der Seite seiner neuen Familie seinen ersten winzigen Schritt in ein neues Leben wagt.

Während unsere Hunde sich auf ihre Lieblingsplätze zurückziehen und ich mich an Rafaels Schulter lehne, spüre ich die vertraute Wärme dieses Moments. Es ist kein einfacher Weg, den wir gewählt haben: als Pflegestelle für genau jene Hunde, die es am schwersten haben. Die, die Angst haben, die, die niemand haben will. Doch genau diese Hunde berühren uns am meisten, und deshalb wissen wir: Es ist der richtige Weg. Morgen beginnt ein neuer Tag, ein neuer Anfang für Nuka. Und wir alle werden ihn begleiten, Schritt für Schritt, so wie wir es immer tun. Diese Transformation mitzuerleben, bedeutet für uns, Zeuge davon zu werden, wie ein Hund, der tief verletzt und voller Ängste ist, langsam Vertrauen fasst und Stück für Stück zu einem lebensfrohen, selbstbewussten Wesen wird, er wieder Liebe und Hoffnung fühlt. Doch diese Veränderung passiert nicht von heute auf morgen. Sie erfordert Zeit, Einfühlungsvermögen und ein tiefes Verständnis für die Ängste und Erfahrungen von Hunden wie Nuka, die eine schlimme Vergangenheit oder traumatische Erlebnisse hinter sich haben. Für uns sind diese Hunde nicht einfach nur Haustiere. Sie sind unsere Wegbegleiter, Seelentröster, Lehrmeister und Familie. Jedes unserer Rudelmitglieder hat eine eigene Geschichte, eine Vergangenheit, die sich in ihren Augen und ihrem Wesen zeigt. Mateo, unser tapferer Dreibeiner, ist das lebende Beispiel dafür, dass wahre Stärke nichts mit körperlicher Unversehrtheit zu tun hat. Sein Leben begann holprig, voller Schmerzen und Herausforderungen, doch er hat sich nicht unterkriegen lassen. Mit jedem federnden Schritt, den er auf seiner Prothese macht, beweist er, dass Lebensfreude und Durchhaltevermögen stärker sind als jedes Hindernis. Mateo ist nicht nur ein Kämpfer, er ist ein Lehrer: Er zeigt uns, dass es nicht darum geht, was man verloren hat, sondern darum, was man daraus macht. Sein Blick ist sanft, seine Seele weise, und wenn er sich abends zufrieden zusammenrollt, strahlt er eine Ruhe aus, die uns alle erdet. Mojo hingegen ist das pure Gegenteil. Ein Wirbelwind aus Energie und Lebensfreude. Er trägt die Leichtigkeit eines unbeschwerten Herzens in sich, ein Hund, der jeden Tag so nimmt, wie er kommt, und dabei stets sein sonniges Gemüt bewahrt. Es gibt keinen Moment, in dem er nicht bereit wäre, Zeit mit mir zu verbringen, sich mit leuchtenden Augen für einen neuen Trick zu begeistern oder voller Energie einen neuen Weg zu erkunden. Mojo erinnert uns daran, dass das Leben manchmal einfach genossen werden will. Ganz ohne Sorgen, ohne Ängste, nur im Hier und Jetzt. Und dann ist da Rana, unsere sensible, treue Hündin. Während Mateo für Kraft und Mojo für Lebensfreude steht, verkörpert sie die sanfte Kunst der Geduld. Ihr Wesen ist ruhig und bedächtig, ihre Augen voller Tiefe. Sie hat ihre ganz eigene Art, die Welt zu betrachten: vorsichtig, mit einem Hauch von Skepsis, aber immer bereit, Vertrauen zu schenken, wenn man es sich verdient. Rana ist diejenige, die mit sanfter Beständigkeit zeigt, was ein Angsthund wirklich braucht: Zeit. Sie drängt sich nicht auf, sie fordert nichts – sie wartet. Und wenn der Moment gekommen ist, wenn ein neuer Pflegehund zitternd in der Ecke liegt, dann ist es oft Rana, die als Erste die Brücke schlägt. Sie zeigt uns, dass Vertrauen nichts ist, das man einfordert – es ist etwas, das wächst, das man behutsam nährt und das am Ende ein Band schafft, das stärker ist als jede Angst. Vielleicht liegt genau hier der Ursprung unserer tiefen Verbindung zu Angsthunden. Diese besondere Geduld, die es erfordert, um ihr Vertrauen zu gewinnen, ist keine Bürde – sie ist eine Ehre.

Es gibt nichts Schöneres, als zu sehen, wie ein vernachlässigter oder misshandelter Hund langsam aus seinem Schneckenhaus hervorkommt, wie er Vertrauen fasst, vorsichtig sein erstes Schwanzwedeln wagt und schrittweise erkennt, dass die Welt doch nicht so bedrohlich ist, wie er dachte.

Unsere Liebe zu den besonderen Fällen hat eine lange Geschichte. Sowohl Rafael als auch ich sind mit dem Elend der portugiesischen Straßenhunde aufgewachsen. Der Zufall wollte es, dass wir beide als Kinder viel Zeit in Portugal verbrachten, zwischen heißen, flirrenden Tagen, dem Duft von Salz in der Luft und den engen Gassen der Dörfer – ich in den Sommermonaten bei meiner Großmutter, die in einem kleinen Dorf in den Bergen lebt, und Rafael bei seinen Großeltern am Meer. Doch für mich waren es nicht nur Sommer voller Unbeschwertheit. Denn sie waren geprägt von den stillen Schatten, die sich in den Ecken der Straßen verkrochen – den Straßenhunden, die sich von Essensresten ernährten und mit müden Augen nach einem Platz suchten, an dem sie sicher sein konnten, die durch die Straßen streunten und abgemagert in Hauseingängen lagen.

Meine Mutter hatte alle Hände voll zu tun, mich von ihnen fernzuhalten. Aber ich konnte nicht anders. Ich zog los, suchte sie, fütterte sie, redete mit ihnen. Ich wollte die Hunde gesund pflegen, ihnen Sicherheit geben, sie streicheln und am liebsten alle mit nach Hause nehmen. Besonders die Hunde, die an viel zu kurzen Ketten angebunden waren, ließen mich nicht los. Ihre Augen hatten diesen Ausdruck, der mir bis heute nicht aus dem Kopf geht – eine Mischung aus Hoffnung und Resignation. Ich konnte nicht einfach wegsehen. Also tat ich, was ich konnte: Ich löste die Ketten, führte sie spazieren, brachte ihnen Futter. Für einen Moment waren sie frei. Doch am nächsten Tag waren sie wieder dort, festgebunden an der gleichen Stelle, und ich konnte nichts dagegen tun. Meine Familie verbrachte viele Sommer in Portugal, und ich wuchs mit dem Wissen auf, dass ich nicht jedem Hund helfen konnte, sosehr ich es auch wollte. Diese Hilflosigkeit wurde zu meiner Antriebsfeder.

Rafael hat eine ganz ähnliche Geschichte. Der Anblick des Elends der Straßenhunde in Portugal prägte auch ihn als Kind. Doch während ich durch das Dorf meiner Großmutter streifte und versuchte, den Hunden zu helfen, wuchs in ihm eine andere Art der Betroffenheit, des Gefühls der Verantwortung heran. Besonders in Erinnerung geblieben sind ihm die Hunde, die als reine Wachhunde gehalten wurden. Oft angekettet, ohne Schutz vor Sonne, ohne Zuneigung, ohne Namen. Diese Bilder brannten sich in sein Gedächtnis, und schon als Kind wusste er, dass das nicht richtig war. In Rafael wuchs eine große Wut auf die Ungerechtigkeit. Wie konnte es sein, dass diese Tiere so wenig wert waren? Warum sah niemand hin? Mit den Jahren wurde aus diesem Gefühl ein Motor. Rafael begann sich mehr mit Hunden zu beschäftigen, zu verstehen, wie sie fühlten, was sie brauchten. Erst als Erwachsener erkannte er, dass die Ohnmacht von damals nicht in Tatenlosigkeit enden musste. Und so führte sein Weg ebenfalls in den Tierschutz. Als wir uns Jahre später kennenlernten und uns verliebten, entdeckten wir, dass wir dieselbe Geschichte in uns trugen. Heute sind wir ein Team, das gemeinsam für das kämpft, was uns damals als Kinder hilflos zurückließ. Vielleicht war es genau diese geteilte Vergangenheit, die uns zusammengeführt hat. Unsere Liebe zu den übersehenen, ängstlichen Hunden, zu denen, die Zeit und Geduld brauchen, war keine bewusste Entscheidung. Sie war das natürliche Ergebnis all dessen, was wir erlebt hatten. Und so wurde aus zwei individuellen Wegen ein gemeinsamer: unser Zuhause, unser Rudel, unser Alltag und schließlich dieses Buch.

Streuner – von der Straße direkt ins Herz ist ein Buch für all jene, die sich in unserer Geschichte wiederfinden. Für diejenigen, die Hunde nicht nur als Haustiere, sondern als Seelenverwandte sehen, sich für ihren Schutz interessieren und um ihre Sicherheit sorgen. Für Menschen, die sich bewusst für den Weg mit einem Angst- oder einem Pflegehund entscheiden, oder die einfach verstehen wollen, wie viel Geduld, Liebe und Verständnis es braucht, um das Vertrauen eines Hundes zu gewinnen, der vielleicht schon einmal alles verloren hat. Es geht um Herausforderungen und Glücksmomente, um Geduld und Fortschritt, um das unsichtbare Band zwischen Mensch und Tier, das mit jeder kleinen Geste wächst. Es ist ein Buch für alle, die glauben, dass jeder Hund eine zweite Chance verdient. Und es ist für all jene, die gerade selbst überlegen, einen Pflegehund oder einen Hund aus dem Tierschutz bei sich aufzunehmen, um ihm ein Zuhause zu bieten – voller Fragen, voller Zweifel, aber auch voller Hoffnung.

Eines jedenfalls haben wir über die Jahre gelernt: Jeder noch so kleine Fortschritt ist ein Sieg. Jedes Schwanzwedeln, jeder vorsichtige Blick, jede Berührung, die nicht mehr von Angst, sondern von Vertrauen begleitet wird, ist ein Geschenk. Und genau das möchten wir mit dir teilen: unsere Reise, unsere Erfahrungen und die unzähligen Momente, die unser Leben mit unseren Hunden so besonders machen. Es ist die Geschichte eines Rudels, das nicht perfekt ist, aber immer zusammenhält. Und es ist eine Einladung an dich, uns auf dieser Reise zu begleiten. Ein Schritt nach dem anderen, immer auf der Suche nach den kleinen Siegen im Umgang mit einem Hund aus dem Tierschutz. Und dem großen Glück, das damit einhergeht.

1.

Was ist Tierschutz?

Mojo – ein kleiner Hund mit großer Wirkung

Mojo war unser erster gemeinsamer Hund und der, der uns lehrte, was es bedeutet, Verantwortung zu übernehmen. Nicht nur für ein Tier, sondern für ein Lebewesen mit Geschichte, Gefühlen und Bedürfnissen. Mojo war ein klassischer Notfall: kein Welpe, kein Hund mit „guter Vorgeschichte", kein einfacher Start. Und doch, oder gerade deshalb, war er der Anfang von allem. Er kam 2013 aus privater Hand in Deutschland zu uns – von einem Mann, der ihn nach einem Unfall einfach abgeben wollte, weil ihm die Tierarztkosten zu teuer waren.

Mit Mojo veränderte sich unsere Sicht auf Tiere auf eine ganz grundsätzliche Art. Wir begannen zum ersten Mal, genauer hinzusehen. Nicht mehr durch die rosarote Brille der typischen Haustierromantik, sondern mit einem ehrlichen, offenen Blick für das, was die Sorge um das Wohlergehen eines Tieres wirklich bedeutet, was Tierschutz alles beinhaltet. Die Geschichten hinter den Tieren. Die Strukturen, die versagen. Die Menschen, die Verantwortung abschieben. Aber auch: die Hoffnung, die aus einem Hund strahlen kann, wenn er endlich ankommt. Mit Mojo zog bei uns nicht nur ein Hund ein, der all das in sich trug – das Versagen eines Systems, Gleichgültigkeit, fehlende Verantwortung –, sondern auch das Bedürfnis, es besser zu machen. Zu verstehen. Zu hinterfragen. Wir begannen, uns mit Themen wie artgerechter Haltung, Ernährung, Training und der Realität von Tierheimhunden auseinanderzusetzen – denn das Tierheim wäre die Alternative für Mojo gewesen, wenn er den Weg nicht zu uns gefunden hätte. Tierwohl wurde für uns mehr als nur ein Begriff. Es wurde zu einem inneren Kompass, der sich durch unseren Alltag zog. Im Umgang mit Mojo, wie wir uns um ihn kümmerten und uns um ihn sorgten, der Art, wie wir über Tiere sprachen. Bis hin zum festen Vorsatz, niemals zu kaufen, sondern immer zu adoptieren.

Im Sommer 2013 waren wir wie jedes Jahr zu Besuch bei meinen Großeltern in Portugal. Es war einer dieser warmen Abende, an denen die Grillkohle lange glühte und Gespräche und Gelächter durch den Garten schwebten, als plötzlich ein quirliger Zwergpinscher aus dem Haus stürmte – schnell wie der Wind. Mojo. Sein Vorbesitzer hatte ihn abgeschoben, und meine Cousine Daniela – die bereits zwei Hunde hatte – hatte ihn mit in den Urlaub genommen, auch wenn klar war, dass sie ihn unmöglich dauerhaft behalten konnte. An diesem Abend geschah etwas komplett Unerwartetes: Rafael verliebte sich auf den ersten Blick in den Wirbelwind. Von diesem Moment an zeigte er mir täglich Fotos von Mojo und sprach von kaum etwas anderem. Hatte dieser Hund längst sein neues Zuhause gefunden – bei uns?

Eigentlich hatten wir geplant, erst nach dem Abitur einen Hund aufzunehmen – mit mehr Zeit und der ersten gemeinsamen Wohnung. Doch manchmal kommt das Leben dazwischen und bringt ein kleines Wesen mit, das alles verändert. Also entschieden wir uns, eine Testphase zu wagen. Rafael sprach mit seinen Eltern, und wir bekamen eine Woche Zeit, um herauszufinden, ob Mojo zu uns passte.

Natürlich kam es, wie es kommen musste, und noch bevor die Woche um war, war klar: Mojo bleibt. Was wir zu diesem Zeitpunkt noch nicht wussten: Der kleine Pinscher hatte eine bewegte Vergangenheit. Als wir Mojo adoptierten, war er gerade einmal acht Monate alt und hatte bereits zwei Stationen hinter sich. Er stammte ursprünglich von einer Vermehrerin – oder wie sie sich selbst nennt: „Hobbyzüchterin" – aus Köln. Dass das so war, erfuhr ich erst nach der Adoption durch den Austausch in einer Zwergpinscher-Gruppe auf Facebook. Dort erkannte seine ursprüngliche Halterin Mojo auf einem Foto und schrieb mich an. Sie wollte wissen, wie er zu mir gekommen sei – schließlich habe sie ihn anderweitig „vermittelt". Als ich ihr die Umstände schilderte, reagierte sie lediglich mit einem knappen „Ah, okay". Keine Spur von Verwunderung über das vorherige Zuhause, keine Sorge, kein Mitgefühl – nur das Bedürfnis, sich abzusichern, dass der hübsche Hund auf dem Bild tatsächlich einer ihrer „Nachzuchten" war. Wie Mojo bei ihr aufgewachsen ist, weiß ich bis heute nicht – was ich aber weiß, ist, dass er danach bei einem dubiosen Mann landete, bei dem er hauptsächlich isoliert im Haus lebte. Dort verbrachte er seine Tage ohne Kontakt zu anderen Hunden oder Menschen. Zeit, sich um den Junghund zu kümmern, gab es keine.

Was Mojo für den Rest seines Lebens beschäftigen sollte: Der Besitzer hielt es eines Tages für eine gute Idee, Mojo eine Spielplatzrutsche hinunterschicken zu wollen. Der kleine Hund erschrak, als er sich auf der Rutsche wiederfand, sprang panisch runter und blieb reglos im Sand liegen. Mit gerade einmal fünf Monaten hatte sich Mojo das Hinterbein gebrochen. Die notwendige Operation hätte über 2.000 Euro gekostet – Geld, das der Mann nicht zahlen wollte. Und so kam Daniela ins Spiel: Über Umwege hörte sie von Mojo, nahm ihn kurzerhand bei sich auf und übernahm auch die Operationskosten aus eigener Tasche. Doch mit zwei eigenen Hunden war ein dritter schlicht nicht dauerhaft zu stemmen. Ich bekam die Genesung von Mojo immer wieder mit – Verbandswechsel, Tierarzttermine – und drehte, wann immer ich neben dem Studium Zeit fand, mit ihren Hunden eine Runde, half im Alltag mit aus. Für mich war das eine willkommene Abwechslung, schließlich war ich schon immer ein großer Hundefan, hatte aber selbst keinen eigenen. Unsere Wege kreuzten sich also schon lange, bevor Rafael überhaupt von Mojo hörte, und schon damals spürte ich: Dieser Hund war etwas Besonderes.

Dann kam jener Urlaub in Portugal, der alles veränderte. Was danach passierte, war nicht ohne. Mojo war kein einfacher Hund. Er war klein, aber fordernd. Und nicht bereit, unterschätzt zu werden. Typisch Zwergpinscher. Er hatte ein großes Thema mit Ressourcen: Futter, Spielzeug – alles verteidigte er heftig. Und ja, er biss auch zu. Ich erinnere mich besonders an eine Situation, die mir bis heute in den Knochen steckt: Ich wollte ihm eine Zecke entfernen. Eine kleine, eigentlich harmlose Handlung – dachte ich. Doch kaum kam ich seinem Hals mit der Pinzette zu nahe, schnappte er nach mir und traf meine Nase. Es war kein „Warnschnappen“, sondern ein echter Biss, geboren aus Panik und tiefem Misstrauen. Ich war geschockt, verletzt. Äußerlich wie innerlich. In diesem Moment verstand ich, dass da etwas sehr Altes in ihm aufbrach, etwas, das viel tiefer ging als eine einzelne Zecke. Auch heute, viele Jahre später, reagiert Mojo unsicher bei Fellpflege oder beim Krallenschneiden. Ich weiß, dass sein Vertrauen durch seine Vergangenheit erschüttert wurde. Durch Angst, Schmerz und viele Tierarztbesuche, die der Sturz von der Spielplatzrutsche nach sich zog und für ihn nie freiwillig waren. Ich bin inzwischen nahezu die einzige Person, die ihm beim Fressen überhaupt näher kommen darf. Und selbst das nur, weil wir es behutsam und über lange Zeit gemeinsam trainiert haben. Nicht, um ihm etwas wegzunehmen, sondern um für den Notfall vorbereitet zu sein – falls er sich einmal verschluckt, in etwas hineinbeißt oder etwas stecken bleibt, das ich ihm aus dem Maul nehmen muss. Für den Fall, dass ich ihm einmal helfen muss.

Rückblickend kann ich sagen: Wir hatten keine Ahnung. Keine Ahnung von Hunden, von Rassen, von Bedürfnissen. Und erst recht nicht von der Verantwortung, die ein Hund mit Vorgeschichte mit sich bringt. Mojo war nicht nur bissig, er pöbelte auch an der Leine, war schlecht sozialisiert und draußen schlicht nicht ansprechbar. Sein Bewegungsdrang war enorm – logisch, nachdem er monatelang kaum rausdurfte und seine Sozialisierungs- und Prägephase hauptsächlich in einer Tierklinik verbrachte, wo man seine im Bein verankerten Schrauben und Verschlüsse festziehen und den Gips erneuern konnte. Seine ersten Ausflüge waren von Angst und

Schmerzen begleitet. All das zeigte Mojo uns. Er spiegelte uns das Versagen der Menschen, die sich vor uns um ihn gekümmert hatten, täglich – und deutlich.

Manchmal waren wir ehrlich gesagt verzweifelt. Es gab Momente, da fragten wir uns, ob Mojo nicht eine Nummer zu groß für uns war. Aber aufgeben war keine Option. So anstrengend er war, so sehr hatten wir ihn ins Herz geschlossen. Weil er uns zum Lachen brachte, obwohl wir kurz vorher noch hätten weinen können. Weil er, trotz all seiner Skepsis, in ganz seltenen Momenten sein kleines Köpfchen gegen unsere Hände schmiegte, als würde er sagen: „Ich will ja, ich habe es nur nie anders gelernt." Weil in ihm so viel mehr steckte als das, was man auf den ersten Blick sah – eine unglaubliche Intelligenz, ein wacher Geist, der so schnell und gern lernte, dass es mich von Anfang an fasziniert hat. Und mehr noch: Mojo war der Hund, der in mir ein tiefes Interesse für Hundeverhalten, Training und artgerechte Haltung weckte. Ich begann zu lesen, zu lernen, zu verstehen. Und genau das war der Anfang von allem – auch meiner heutigen Arbeit mit Hunden. Mojo hat uns nicht nur gefordert, er hat uns verändert. Er hat uns gezeigt, dass Tierschutz nicht nur darin besteht, einen Hund aufzunehmen. Sondern darin, ihn wirklich zu sehen. Seine Geschichte ernst zu nehmen. Sich selbst zu hinterfragen. Und nicht aufzuhören, an diesem gemeinsamen Weg zu arbeiten.

Mojo war unser Lehrer.

Und vielleicht, ganz vielleicht, war er genau deshalb so kompliziert. Damit wir wirklich begreifen, worum es im Tierschutz geht.

Tierschutz: Von wem, für wen?

Tierschutz ist ein breit gefächertes Feld, in dem viele verschiedene Akteure zusammenarbeiten, um das Leben von Tieren nachhaltig zu verbessern. Neben großen Tierschutzverbänden gibt es zahlreiche kleinere Vereine, engagierte Privatpersonen und Pflegestellen, die wertvolle Arbeit leisten. Ihre Aufgaben und Schwerpunkte können dabei ganz unterschiedlich sein – von Rettungsaktionen über politische Arbeit bis hin zu Bildungsinitiativen. Jede dieser Gruppen trägt auf ihre Weise dazu bei, das Leid der Tiere zu lindern.

Internationale und nationale Tierschutzorganisationen wie beispielsweise der Deutsche Tierschutzbund, PETA oder Vier Pfoten verfügen über umfangreiche Strukturen und finanzielle Mittel, um den Tierschutz auf gesellschaftlicher und politischer Ebene voranzutreiben. Sie setzen sich durch gezielte Lobbyarbeit für bessere Gesetze und strengere Kontrollen ein, klären durch groß angelegte Kampagnen über Themen wie artgerechte Haltung, Massentierhaltung oder Wildtierschutz auf und engagieren sich für tierversuchsfreie Forschung. Sie unterstützen außerdem Rettungsaktionen und helfen Tierheimen oder Auffangstationen mit finanziellen Mitteln, Kastrationsprojekten und Notfallrettungen. Viele dieser Organisationen arbeiten auch international mit Partnervereinen zusammen, um den Tierschutz grenzüberschreitend zu verbessern.

Neben diesen großen Verbänden gibt es unzählige kleinere Tierschutzvereine, die oft regional tätig sind und sich auf bestimmte Tierarten oder Problemstellungen konzentrieren. Sie nehmen Tiere in Not auf, kümmern sich um ihre Pflege und Gesundheit und vermitteln sie in geeignete Familien. Ein wichtiger Schwerpunkt ihrer Arbeit ist die Durchführung von

Kastrationsprogrammen, um das Elend zum Beispiel von Straßenhunden nachhaltig einzudämmen. Öffentlichkeitsarbeit spielt ebenfalls eine große Rolle, denn nur durch gezielte Aufklärung über den Tierschutz im In- und Ausland können langfristige Veränderungen bewirkt werden. Diese Vereine kooperieren eng mit privaten Pflegestellen, die eine entscheidende Rolle im Tierschutz spielen.

Auch wir von @verpinscht arbeiten seit vier Jahren mit einem engagierten Tierschutzverein zusammen, der sich unter anderem für die Hunde in Portugal einsetzt und das Tierheim von Teresa unterstützt: TiNo e. V. Mönchengladbach. Besonders emotional ist für mich die Verbindung zu Teresa und ihrem Tierheim auch deshalb, weil unsere geliebte Rana von dort stammt.

Dieses Zusammenspiel macht deutlich, wie wichtig auch die Arbeit kleiner Tierschutzvereine ist und wie viel durch Engagement, Spenden und ein starkes Netzwerk erreicht werden kann. Es geht nicht nur um die Rettung einzelner Tiere, sondern um eine nachhaltige Verbesserung der Bedingungen vor Ort, und genau das ist das gemeinsame Ziel. Doch der Weg von einem Leben auf der Straße oder im Tierheim bis zu einem endgültigen Zuhause ist oft lang und herausfordernd. Hier kommen dann Pflegestellen ins Spiel.

Pflegestellen sind oft Einzelpersonen oder Familien, die Hunde oder auch andere Tiere vorübergehend bei sich aufnehmen, bis sie ein endgültiges Zuhause gefunden haben. Sie helfen den Tieren, sich an ein häusliches Umfeld zu gewöhnen, arbeiten an ihrer Sozialisierung und bereiten sie auf ein neues Leben vor. Pflegestellen übernehmen zudem die medizinische Versorgung ihrer Schützlinge, bringen sie zu Tierärzten und begleiten ihre Genesung. Diese Aufgabe ist mit viel Verantwortung verbunden, doch sie ist ein unverzichtbarer Bestandteil erfolgreicher Vermittlungsarbeit.

Rafael und ich sind seit fünf Jahren Pflegestelle. Besonders am Herzen liegen uns mittlerweile die Angsthunde. Jene Hunde, die im Tierheim oft übersehen werden, weil sie zu scheu oder unsicher sind, um „einfach so" adoptiert zu werden. Als Pflegestelle geben wir ihnen die Zeit, die sie brauchen, um Vertrauen zu fassen, sich an ein Leben im Haus zu gewöhnen und bereit für ihr Für-immer-Zuhause zu sein. Bei uns dürfen sie ankommen, sich in ihrem eigenen Tempo entfalten und lernen, dass Menschen auch liebevoll, geduldig und verlässlich sein können.

Auch Einzelpersonen können einen wertvollen Beitrag leisten, selbst wenn sie nicht direkt im Tierschutz tätig sind. Wer sich aktiv an Tierrettungen beteiligt, verletzte oder in Not geratene Tiere zum Tierarzt bringt oder den Kontakt zu Tierschutzorganisationen herstellt, hilft unmittelbar. So wie die junge Frau in Portugal, die auf dem Heimweg von der Arbeit anhielt, als sie eine ausgemergelte Hündin am Straßenrand entdeckte. Völlig abgemagert, zitternd, voller Zecken. Neben ihr: ein kleiner Welpe und ein abgemagerter Rüde, der sich kaum auf den Beinen halten konnte. Eine ganze Familie, irgendwo ausgesetzt. Sie konnte die drei nicht mitnehmen, aber sie blieb. Rief die Polizei. Wartete stundenlang in der prallen Sonne, bis endlich jemand kam. Ohne sie hätten die Hunde die Nacht vermutlich nicht überlebt. Die Polizei brachte die Familie zu Teresa. Dort fanden Hündin Susie und ihr Welpe Simba nach einiger Zeit ein liebevolles Zuhause – nur der Vater Samir, gezeichnet von tiefer Angst und alten Wunden, lebt noch heute bei Teresa. In seinem Tempo, auf seinem Weg. Solche Momente zeigen: Engagement beginnt oft im Kleinen. Mit Zivilcourage, Mitgefühl und der Bereitschaft, Verantwortung zu übernehmen, wenn andere wegsehen.

Darüber hinaus kann finanzielle Unterstützung in Form von Spenden oder Patenschaften viel bewirken. Auch Rafael und ich haben selbst mit kleineren Schritten begonnen: Zunächst sammelten wir Spendengelder für das Tierheim in Portugal, besuchten Teresa vor Ort und halfen, wo wir konnten. Doch mit der Zeit wollten wir noch mehr tun, und so wurden wir Pflegestelle. Während ich mittlerweile nicht nur meine eigenen Pflegehunde vermittle, sondern auch direkt als Vermittlerin für andere Hunde tätig bin, ist Rafael als Fahrer für den Transporter unterwegs. Er bringt die adoptierten Hunde sicher von Portugal nach Deutschland, damit sie hier ihr neues Zuhause finden können.

Es gibt viele weitere Möglichkeiten, aktiv zu helfen – auch dann, wenn man selbst keinen Hund adoptieren oder zur Pflege nehmen kann. Zum Beispiel, indem man Vorkontrollen übernimmt und potenzielle Zuhause auf ihre Tauglichkeit prüft. Oder indem man sich in einem Verein engagiert: bei administrativen Aufgaben, in der Organisation oder im Bereich Social Media. Gerade dort kann man nicht nur dabei helfen, das Schicksal von Hunden in Not sichtbar zu machen, sondern auch wichtige Aufklärungsarbeit leisten – über Tierschutz, artgerechte Haltung oder die oft unsichtbaren Geschichten hinter den Vermittlungsanzeigen. Ich selbst engagiere mich auf diesem Weg und erlebe täglich, wie viel Wirkung auch im Hintergrund entstehen kann. Darüber hinaus kann man den eigenen Konsum und Lifestyle überdenken, auf tierleidfreie Produkte achten oder sich politisch für bessere Gesetze zum Schutz von

Haus-, Wild oder Nutztieren einsetzen. Jeder Ansatz ist wichtig, und jeder einzelne Beitrag trägt auf seine Weise zu einer Veränderung bei. Später im Buch werden wir uns noch ausführlicher damit beschäftigen.

Es gibt nicht den einen Tierschutz

Ob große Organisationen mit weitreichendem Einfluss, kleine Vereine mit regionalem Fokus, Pflegestellen mit Herz und Hingabe oder Einzelpersonen mit Engagement: Jede:r kann seinen Teil beitragen. Nur durch dieses gemeinsame Zusammenspiel entsteht ein starkes Netzwerk, das tagtäglich das Leben vieler Tiere verbessert und ihnen eine Zukunft ermöglicht. Das ist es, was Tierschutz für mich bedeutet: für diejenigen zu kämpfen, die keine Stimme haben, und das auf unterschiedlichsten Ebenen.

Das beginnt mit der direkten Rettung von Tieren, die in Not geraten sind. Ein zentraler Ansatz ist die Aufnahme und Vermittlung von Tieren, die aus schlechter Haltung stammen oder als Straßenhunde gefunden werden. In Deutschland, Österreich und der Schweiz wird dieses Prinzip vor allem von Tierheimen und Pflegestellen getragen – also von Strukturen, die darauf ausgelegt sind, Hunde bis zur Vermittlung umfassend zu versorgen. In vielen süd- und osteuropäischen Ländern hingegen fehlen genau diese Strukturen. Auch dort leisten engagierte Vereine Großes, retten Straßenhunde unter schwierigsten Bedingungen und päppeln sie auf. Doch während bei uns die Adoptionsbereitschaft relativ hoch ist, bleibt sie in vielen anderen Ländern wortwörtlich aus. Hunde werden dort kaum adoptiert, sondern stattdessen neu „angeschafft“: oft aus Petshops oder vom Markt. Sogar in EU-Ländern wie Portugal ist das leider noch Alltag. Auf Straßenfesten sieht man immer wieder Verkaufsstände, an denen Hasen, Vögel, Katzen und Hunde angepriesen werden – mitten im Lärm, im grellen Licht, in kleinen Gittern, den ganzen Tag über. Nachts, wenn die Festlichkeiten mit lauter Livemusik ihren Höhepunkt erreichen, werden die Tiere sogar künstlich beleuchtet, damit sie besser zur Schau gestellt werden können. Und wenn sich niemand nähert, wird am Gitter gerüttelt oder in die Hände geklatscht, um die Welpen – viel zu jung, um bereits vom Muttertier getrennt zu sein – zum Spielen zu animieren. Dann wird der Preis gebrüllt wie auf einem Basar: „Mops, nur heute 400 Euro!" Tiere werden hier nicht als Lebewesen gesehen, sondern als Ware, die sich gut verkauft, wenn sie süß aussieht und sich möglichst niedlich bewegt. Und genau das ist der Grund, warum viele ausländische Tierschutzvereine nicht primär im eigenen Land vermitteln – nicht, weil sie es nicht wollen, sondern weil es schlicht nicht realistisch ist. Gleichzeitig beobachte ich seit einigen Jahren auch etwas Ermutigendes: Auf denselben Festen, wo Welpen unter grellem Licht in Laufgittern zum Kauf angeboten werden, stehen manchmal nur wenige Meter entfernt Tierschutzvereine mit kleinen, ehrenamtlich betreuten Ständen. Sie klären auf, informieren, erzählen Geschichten – oft begleitet von einem jungen Hund, der Aufmerksamkeit auf sich zieht. Nicht als Showobjekt, sondern weil er tatsächlich ein Zuhause sucht. Um zu zeigen: Auch süß kann aus dem Tierschutz kommen. Ob das die richtige Bühne für so ein ernstes Thema ist, sei dahingestellt. Doch vielleicht ist genau diese Nähe zum Tierverkauf nötig, um Missstände sichtbar zu machen, Gespräche anzustoßen und neue Wege aufzuzeigen.

Neben der klassischen Aufnahme und Vermittlung von Haustieren gibt es auch spezialisierte Organisationen, die sich gezielt um besondere Notfälle kümmern. Dazu zählen Rettungsteams, die in enger Zusammenarbeit mit Behörden misshandelte oder stark vernachlässigte Tiere beschlagnahmen und ihnen eine zweite Chance ermöglichen. Auch Wildtierauffangstationen leisten wichtige Arbeit: Sie kümmern sich um verletzte oder verwaiste Wildtiere, mit dem Ziel, sie wieder in ihre natürlichen Lebensräume zurückzuführen. Ein weiterer, oft vergessener Bereich ist die Rettung von sogenannten Nutztieren. Schweine, Rinder, Hühner oder Schafe, die aus der Massentierhaltung oder aus miserablen Haltungsbedingungen befreit werden, finden auf Lebenshöfen einen sicheren Ort, an dem sie artgerecht leben dürfen – oft zum ersten Mal in ihrem Leben.

Viele dieser Einsätze sind akribisch geplant und erfolgen in enger Absprache mit Behörden. Andere wiederum sind spontane Notfälle, bei denen schnelles Handeln gefragt ist. Ob es sich um einen Straßenhund in Portugal handelt, um einen beschlagnahmten Welpen aus einem illegalen Tiertransport, um ein Wildtier, das durch menschlichen Einfluss seinen Lebensraum verloren hat, oder um einen verwaisten Igel in einem deutschen Garten – jede einzelne Rettung zählt. Und bedeutet für das betroffene Tier die Chance auf ein besseres Leben. Gleichzeitig geht es im Tierschutz nicht nur darum, einzelne Tiere in Sicherheit zu bringen, sondern vor allem, langfristige und nachhaltige Lösungen zu schaffen. Kastrationsprojekte spielen dabei eine zentrale Rolle, insbesondere im Auslandstierschutz. Unkastrierte Straßenhunde und -katzen vermehren sich unkontrolliert, und mit jeder Generation wächst auch das Leid. Um diese Spirale zu durchbrechen, führen viele

Organisationen gezielte Kastrationen durch, oft mit mobilen Tierarztteams oder in Zusammenarbeit mit lokalen Kliniken. Das sogenannte „Catch-Neuter-Return"-Prinzip hat sich dabei bewährt: Die Tiere werden eingefangen, kastriert und – wenn sie gesund sind – wieder zurückgebracht. Dabei ist entscheidend, dass dieser Ort, an den sie zurückkehren, halbwegs sicher ist, die Grundbedürfnisse der Tiere abgedeckt werden können und sie zumindest geduldet werden. Straßenhunde sind keine Wildtiere. Sie sind in gewisser Weise von Menschen abhängig, und ihre Rückkehr in eine Umgebung, die ihnen keinen Schutz bietet, kann nur dann verantwortungsvoll sein, wenn sichergestellt ist, dass sie dort überleben können. Diese Form der Hilfe setzt direkt an den Ursachen an und kann viel bewirken. Besonders dann, wenn sie mit langfristiger Aufklärung und struktureller Verbesserung einhergeht. Dazu gehört auch die regelmäßige Bereitstellung von Futter, denn Hunger ist eine der größten Gefahren für Streuner. Feste Futterstellen oder mobile Futterverteilungen durch lokale Helfende sind in vielen Regionen ein stabiler Bestandteil der täglichen Tierschutzarbeit. In manchen Ländern entstehen darüber hinaus Schutzgebiete für Tiere, die aufgrund von Alter, Krankheit oder Traumata nicht vermittelbar sind. Hier können sie in Sicherheit und unter tierärztlicher Betreuung leben. Oft zum ersten Mal in ihrem Leben artgerecht und ohne Angst.

Letty – unsichtbar von Anfang an

Lettys Geschichte steht exemplarisch für viele andere: wie schnell unkontrollierte Vermehrung Leid schafft und wie Kastration helfen kann, diesen Kreislauf zu beenden. Im Sommer 2022 machte das verpinscht-Rudel

Urlaub in Portugal. Wie so oft nahmen wir uns einen Tag Zeit, um Teresa auf ihrer Pfötchenfarm zu besuchen. Dort begegneten wir einem ganz besonderen Anblick: ein komplett verängstigter Wurf, so traumatisiert, dass sich die Welpen bei unserem Anblick in ihrer Panik einnässten und einkoteten. Teresa machte deutlich, dass die Kleinen in diesem Zustand niemals zur Vermittlung geeignet wären. Rafael und ich blickten auf die Podengo-Mischlinge und fassten in wenigen Sekunden einen Entschluss: Einer dieser Hunde würde uns auf dem Heimweg nach Deutschland begleiten und bei uns auf Pflege leben. Ich fragte Teresa, welcher der Welpen am panischsten wirkte, und nach einer kurzen Beratung entschieden wir uns für Letty. Während unseres Aufenthalts im Tierheim machten wir Fotos und Videos, um den Zustand der Welpen zu dokumentieren und für spätere Interessenten transparent darzustellen. Am Ende unseres Urlaubs, nachdem Lettys Reisepapiere fertiggestellt waren und die junge Hündin für die Ausreise vorbereitet war, holten wir sie ab. Doch damit endete unsere Arbeit nicht: Über unseren Social-Media-Kanal machten wir Werbung für den gesamten Wurf, um auch für Lettys Geschwister geeignete Pflegestellen zu finden. Diese kleinen, isoliert im Wald aufgewachsenen Welpen, die mit Mama Louise ihre ersten Tage in Einsamkeit verbringen mussten, hatten wirklich großes Glück, bei Teresa auf der Pfötchenfarm gelandet zu sein, wo sie erstmals einen Alltag kennenlernen konnten: fremde Gerüche, menschliche Stimmen, Kontakt zu Artgenossen. Nur so erhielt Letty die Chance, zu uns auf Pflege zu kommen und sich Stück für Stück zu öffnen. Anfangs war sie sehr vorsichtig, beobachtete viel und hielt Abstand. Aber sie lernte schnell: dass Hände auch streicheln können. Dass Stimmen freundlich klingen. Dass sie bei uns sicher war. Besonders durch die Nähe zu unseren Hunden fasste sie schnell Vertrauen. Sie orientierte sich viel an ihnen – ein typisches Verhalten für unsichere Hunde. Letty kuschelte sich bald immer öfter an uns heran, suchte Nähe und begann, ihre Umgebung neugierig zu erkunden. Bald fand Letty ein liebevolles Zuhause bei einer Familie, die die nötige Geduld mit ihrem scheuen Wesen mitbrachte. Die Vermittlung der übrigen Geschwister übernahm ich in enger Zusammenarbeit mit Pflegestellen in Deutschland, die ich über meinen Instagram-Account gesucht hatte. So konnte für jeden der übrigen Welpen – Leila, Loki, Louis und Lenny – schnell eine passende Pflegestelle gefunden werden. Und bald auch ihr Für-immer-Zuhause. Übrig blieb schließlich Louise, die Mutter der Welpen, die, obwohl sie ein Jahr länger warten musste, in eine Familie kam, die monatelang behutsam mit ihr arbeitete. Kürzlich bekam ich Videos von Louises Adoptanten, die zeigten, wie die Mutterhündin am Strand in Holland ihre neue Freiheit genießt, nachdem sie lernen durfte, Menschen zu vertrauen und endlich loszulassen.

Doch trotz des Happy Ends mit Letty gibt es einen Punkt, der mich immer wieder bewegt: Viele der Probleme, mit denen diese Tiere konfrontiert werden, hätten vermieden werden können. Stell dir vor, ein Hund lebt auf der Straße, die zwar seine gewohnte Welt ist, aber alles andere als artgerecht. Oft fehlt es an Sicherheit, regelmäßiger medizinischer Betreuung oder der Möglichkeit, sich gesund zu entwickeln. Anstatt den Hund einfach seinem Schicksal zu überlassen, können wir ihm durch präventive Maßnahmen wie Kastrationsprogramme einen echten Neuanfang ermöglichen.

Und damit auch Überpopulation und Vernachlässigung Einhalt gebieten, der Überlastung selbst gut funktionierender Tierheime vorbeugen, die überflutet werden von den Würfen trächtiger unkastrierter Hündinnen, um die sich viele Menschen nicht kümmern wollen oder können. Letztes Jahr meldete sich einen Tag nach meiner Abreise aus Portugal meine Freundin und TiNo-Kollegin Sina bei mir: Sie schickte mir ein Foto von einer zugeklebten Styroporbox, die vor der Pfötchenfarm abgelegt worden war. Mein Magen zog sich zusammen – ich ahnte sofort, dass das nichts Gutes bedeutete. Kurze Zeit später die Bestätigung: In der Box lagen neun tote Welpen. Erstickt. Eingesperrt in dieser weißen Kiste, mitten in der portugiesischen Mittagshitze. Solche Bilder lassen dich nicht los. Sie zeigen auf schmerzliche Weise, wie dringend sich etwas ändern muss. Vor Ort, in den Köpfen und in unserem Umgang mit Tieren.

Neben der Kastration und der Bereitstellung von Futter gehört dazu auch eine kontinuierliche medizinische Versorgung von Straßenhunden, die weit mehr als nur einen gelegentlichen Check-up meint, sondern der Grundstein für ein schmerzfreies, gesundes Leben ist. Viele ehemalige Straßenhunde tragen die Spuren ihres früheren Lebens in sich – Verletzungen durch Unfälle, chronische Erkrankungen, Parasitenbefall oder altersbedingte Beschwerden, um die sich oft viel zu spät oder gar nicht gekümmert wird. In Ländern, in denen die grundlegendste tierärztliche Versorgung fehlt, bleiben selbst schwerste Verletzungen unbehandelt. Zwei bewegende Beispiele, die mir besonders in Erinnerung geblieben sind, sind die Geschichten von Tayo und Bellini.

Tayo und Bellini – zwei Kämpferherzen mit neuem Lebensmut

Tayo wurde in Portugal gerettet, nachdem man ihn grausam an seinem Hinterbein an einem Seil aufgehängt und in diesem Zustand einfach sich selbst überlassen hatte – zum Sterben verurteilt. Es war pures Glück, dass Passanten ihn entdeckten und zu Teresa brachten, bevor es zu spät war. Die Verletzungen waren so schwer, dass ihm schließlich die Hinterpfote amputiert werden musste. Noch heute zieht sich eine tiefe, schimmernde Narbe wie ein Mahnmal der Grausamkeit um sein Sprunggelenk. Die scharfen Striemen des Seils haben sich in seine Haut eingebrannt, ebenso wie diese Geschichte in unser Herz. Zunächst kam Tayo in ein staatliches Tierheim, wo eine engagierte Followerin unserer Arbeit tätig ist. Dort beschränken sich die medizinischen Versorgungen aus finanziellen Gründen meist auf grundlegende Maßnahmen wie Impfungen und Kastration – weit entfernt von der intensiven Betreuung, die Tayo dringend benötigte. Aus diesem Grund bat uns die Followerin um Hilfe, und so zog Tayo auf Teresas Pfötchenfarm. Hier wurden ihm die Zeit und Aufmerksamkeit geschenkt, die er brauchte, um sich von den traumatischen Erlebnissen zu erholen. Sein verletzter Stumpf wurde medizinisch versorgt und sorgfältig behandelt. Besonders wichtig war mir dabei, dass Tayo nicht einfach sein Bein amputiert wird – solange das Potenzial für eine Prothese vorhanden ist. Denn bei einer sogenannten hochgradigen Amputation, also wenn das ganze Bein entfernt wird, ist der Einsatz einer Prothese oft gar nicht mehr möglich. Wird hingegen ein Teil des Beins erhalten – etwa der Oberschenkelstumpf –, kann dieser als

Ansatzpunkt für eine Prothese dienen. Als seine Wunden verheilt waren, kam er zu uns auf Pflege. Unser Partnerverein ermöglichte es, dass Tayo eine maßgefertigte Prothese erhielt – eine Maßnahme, die ihm nicht nur neue Mobilität, sondern auch Hoffnung schenkte. Ich erinnere mich noch gut an die regelmäßigen Besuche beim Orthopädiemechaniker, die wir mit ihm wahrnahmen. Als jemand, der selbst einen prothesentragenden Dreibeiner hat, wusste ich, wie lebensverändernd diese Möglichkeit für Hunde sein kann. Und doch überraschte mich Tayo immer wieder. Denn bei seiner Vergangenheit hätte man meinen können, dass er Angst vor Menschen haben müsste. Dass er vorsichtig wäre, zurückgezogen vielleicht, gezeichnet von dem, was ihm angetan wurde. Aber das Gegenteil war der Fall: Tayo war verrückt, laut, aktiv, von einer mitreißenden Unbekümmertheit. Ein Hund mit Feuer im Herzen. Er wollte die Welt entdecken, buhlte um Aufmerksamkeit, sog jede Berührung, jedes liebe Wort in sich auf, als wollte er all die Jahre ohne Zuwendung nachholen. Im Zwinger forderte er seine Mitbewohner pausenlos zum Spielen auf – so lange, bis sie genervt von ihm auf ihre Plätze flüchteten. Er hatte eine Energie, die fast ansteckend war, und eine Lebenslust, die mich an Mateo erinnerte. Teresa wusste: Tayos Wunden waren verheilt, jetzt war es Zeit, dass auch seine Seele Platz zum Wachsen bekam. Er musste nicht nur medizinisch versorgt, sondern auch gefördert und gefordert werden. Bei uns auf Pflege warf er sich allen Menschen regelrecht vor die Füße, die ihm ein paar Sekunden Aufmerksamkeit schenkten. Einen Moment werde ich nie vergessen: Es war sein erster Tag an der langen Schleppleine. Wir waren gerade im Wald, und Tayo hatte offensichtlich beschlossen, dass er jetzt ein Hund mit ganz neuen Möglichkeiten war. Mit einem wilden Satz stürmte er los – rannte in einem fröhlich-holprigen Galopp quer durch den Wald, sprang über Baumstämme, landete mitten in einem Graben, blieb kurz verwundert stehen – und raste dann weiter, als sei nichts gewesen. Sein Sicherheitsgeschirr klapperte, Erde spritzte, und sein Gesichtsausdruck sagte nur: „Na los, was kommt als Nächstes?!“

Auch wenn im Gegensatz dazu Bellinis Schicksal ein schwerer Unfall war und nicht menschengemacht, ist es mindestens genauso tragisch: Bei einem Ausbruchsversuch auf der Pfötchenfarm grub sich die Abenteurerin unter ein Wellblech ihres Geheges und riss sich dabei ihr Ohr ab. Der Gehörgang musste in einer Not-OP entfernt werden. Ihre Verletzung wurde fachmännisch versorgt, doch die Sorge blieb: Würde Bellini mit nur einem Ohr jemals eine Familie finden? Nachdem sie sich von den akuten Schmerzen erholt hatte, nahmen wir sie als Pflegehund bei uns auf. Und erst hier wurde uns so richtig klar, wie es zu ihrem Unfall kommen konnte: Bellini ist eine quirlig-übermütige Jungabenteurerin, die nichts sicher lässt – nicht einmal unsere Küchenzeile, auf die sie regelmäßig hüpfte, als wäre es das Normalste der Welt. Dieses wilde Entdecker-Gen erklärte auch, warum sie unter das Wellblech im Gehege gekommen war. Mit anderen Worten: Bellini war eben einfach zu verrückt für ihre eigene Sicherheit, aber genau das machte ihren Charme aus. Trubel war ihr zweiter Vorname. Ihre gute Laune und Lebensfreude standen im völligen Kontrast zu dem, was ihr passiert war. Sie machte sich rein gar nichts aus dem Unfall. Und so begannen wir behutsam mit einem individuellen

Trainingsprogramm, angepasst an ihre einseitige Taubheit. Während sie an der Schleppleine vorauslief, beobachteten wir aufmerksam ihren Gleichgewichtssinn und testeten, wie gut sie Geräusche aus verschiedenen Richtungen wahrnahm. Welche Kommandos würden für ihre zukünftige Familie wichtig sein? Welche Besonderheiten galt es zu beachten? Auch in Deutschland ließen wir alles medizinisch noch einmal abklären. Als sicher war, dass Bellini mit ihrer Einschränkung wunderbar zurechtkam und keinerlei chronische Schmerzen oder Spätfolgen zu erwarten waren, begannen wir mit der Suche nach einem Zuhause. Und wie so oft: Es fand sich genau die richtige Familie. Bellini wurde adoptiert. Von Menschen, die nicht ihr fehlendes Ohr sahen, sondern ihren einzigartigen Charakter. Ihre Lebensfreude. Ihren Mut.

Aufklärungsarbeit im Tierschutz

Nachhaltiger Wandel geschieht jedoch nicht nur durch Rettung, sondern auch durch Wissen. Es gibt immer noch viele Menschen, die sich nicht bewusst sind, was eine artgerechte Haltung wirklich bedeutet. Hundehaltung ist mehr als nur Futter und ein Dach über dem Kopf, sie beinhaltet auch Bedürfnisse, Erziehung, soziale Kontakte und medizinische Versorgung. Wir erleben es bei TiNo fast täglich hautnah: Menschen, die sich unüberlegt einen Hund angeschafft haben, der jetzt und sofort wegmuss. Die Gründe? Ganz unterschiedlich. Keine Zeit mehr, keine Lust mehr, zu viel Arbeit, die Umstände haben sich geändert, man habe sich das Leben mit einem Hund anders vorgestellt. Das Tier ist krank, zu teuer geworden. Das sind „Hilferufe", die TiNo und mich auf meinem Instagram-Account @verpinscht nicht selten erreichen. Menschen schreiben mir, ob ich ihren Hund aufnehmen und weitervermitteln kann. Solche Situationen sind nicht nur belastend für uns als Tierschützer, sondern vor allem für die Hunde, die einmal Teil einer Familie waren und plötzlich unerwünscht sind. Vereine und engagierte Einzelpersonen leisten daher wertvolle Arbeit, indem sie in sozialen Netzwerken, durch Besuche an Schulen oder durch Infostände Menschen sensibilisieren. In diesen Gesprächen werden Fragen beantwortet, Mythen aufgedeckt und praktische Tipps gegeben, zum Beispiel wie man artgerecht füttert oder welche Bedeutung regelmäßige Gesundheitschecks für Haustiere haben. Solche direkten Kontakte sind oft der erste Schritt, um skeptische oder uninformierte Menschen für den Tierschutz zu gewinnen. Bildungsprojekte an Schulen helfen dabei, schon in jungen Jahren ein tiefes Verständnis für den Tierschutz zu vermitteln. Junge Menschen lernen, dass Tiere fühlende Individuen sind, deren Wohlbefinden Hand in Hand mit einem nachhaltigen und achtsamen Umgang miteinander geht. Auch wer in seinem Umfeld über Tierschutzthemen spricht, auf die Bedeutung von Adoption anstelle von Kauf hinweist und Menschen für den respektvollen Umgang mit Tieren sensibilisiert, trägt dazu bei, langfristig eine Veränderung herbeizuführen. Man kann sogar direkt mit Behörden und Regierungen zusammenarbeiten, um den Schutz der Tiere auf einer höheren Ebene voranzutreiben: zum Beispiel durch Petitionen, die an Ministerien übergeben werden, durch parlamentarische Anhörungen, bei denen Tierschutzvereine ihre Expertise einbringen, oder durch die Mitarbeit in Arbeitsgruppen, die Gesetze zur Tierhaltung mitgestalten. Viele Organisationen bieten zudem eine Mitgliedschaft an, durch die man aktiv Teil dieser Zusammenarbeit werden kann: Mitglieder unterstützen

Kampagnen, nehmen an Aktionen teil und helfen auf diese Weise mit, Druck auf politische Entscheidungsträger auszuüben. So kämpfen Organisationen gemeinsam für bessere Gesetze, schärfere Kontrollen und strengere Strafen für Tierquälerei. Auch Gespräche mit kommunalen Behörden – etwa zur Kontrolle von Vermehrerbetrieben oder zur Zusammenarbeit bei Beschlagnahmungen – sind ein wichtiger Teil dieser Arbeit. Das Engagement in politischen Prozessen, beispielsweise durch die Teilnahme an Demonstrationen oder das Unterzeichnen von Petitionen, trägt dazu bei, gesetzliche Rahmenbedingungen für den Schutz von Tieren zu verbessern. Ein Beispiel dafür ist der sogenannte Galgomarsch, der jedes Jahr in mehreren europäischen Städten stattfindet. Mit dieser Demonstration machen Tierschützer auf das Leid der spanischen Windhunde, den sogenannten Galgos, aufmerksam. Diese Hunde werden in Spanien häufig zur Jagd eingesetzt und nach der Saison unter grausamen Bedingungen aussortiert oder getötet. Der Galgomarsch ist ein starkes Zeichen gegen diese Missstände und fordert politische Konsequenzen wie strengere Tierschutzgesetze, bessere Importregelungen für Tiere und die konsequente Bekämpfung des illegalen Tierhandels. All das sind Bereiche, in denen viel bewegt werden kann, wenn Menschen sich aktiv engagieren.

Besonders kraftvoll sind heute auch Social-Media-Kampagnen. Über Plattformen wie Instagram, Facebook oder TikTok erreichen wir ein breites Publikum und können Geschichten, Erfolge und auch Herausforderungen aus der Tierschutzarbeit authentisch und emotional vermitteln. Mein eigener Social-Media-Auftritt unter @verpinscht ist ein Beispiel dafür, wie digitale Medien helfen können, Bewusstsein zu schaffen, Missstände aufzuzeigen und gleichzeitig positive Geschichten zu erzählen.

Durch unsere Videos, Blogbeiträge und Posts konnten wir bereits viele Menschen dazu bewegen, einen Hund aus dem Tierschutz zu adoptieren. Ich freue mich jeden Tag über Nachrichten von Menschen, die mir berichten, dass sie nun Pflegestelle sind oder sogar während ihres Urlaubs einen Hund in Not gerettet haben, weil sie dank unserer Beiträge genau wussten, was in so einer Situation zu tun ist. Ebenso erreichen uns Berichte von Menschen, die sich vor Ort in Tierheimen engagieren, nachdem sie durch unsere Videos motiviert wurden. Viele wissen bereits, was eine sogenannte „doppelte Sicherung" ist oder wie man sich als Pflegestelle verhält – für zahlreiche andere ist dieses Wissen jedoch noch unbekannt und eröffnet ihnen ganz neue Perspektiven, wie sie im Tierschutz aktiv werden können. Indem wir unser Wissen teilen und praktische Tipps geben, ermöglichen wir es vielen, den ersten Schritt zu wagen. Dazu kommen wir noch einmal gesondert und mit etwas mehr Details im hinteren Teil des Buches.

Aufklärungsarbeit hört jedoch nicht bei der reinen Informationsvermittlung auf. Sie ist auch ein Appell an uns alle, Verantwortung zu übernehmen. Jede:r kann ein Botschafter für Tierschutz sein, sei es durch die Aufklärung im eigenen Umfeld, durch das Teilen von positiven Geschichten oder durch aktives Engagement vor Ort. Für mich ist dieser Punkt besonders wichtig, denn nur durch Aufklärung können wir verhindern, dass sich das Leid immer weiter fortsetzt. Themen wie Massentierhaltung, Qualzuchten oder die Gefahren des illegalen Welpenhandels müssen immer wieder angesprochen werden, um Bewusstsein zu schaffen.

Jeder dieser Bereiche ist essenziell für den Tierschutz, und es gibt viele Möglichkeiten, sich einzubringen. Egal wie klein

ein Beitrag erscheint, er macht einen Unterschied! Letztendlich ist Tierschutz keine One-Man-Show, sondern eine Bewegung, die nur dann erfolgreich sein kann, wenn viele Menschen zusammenarbeiten, um sich für eine bessere Zukunft der Tiere einzusetzen.

Bewusst entscheiden, bewusst handeln: Wie Adoption oder seriöse Zucht den Unterschied machen

Wer sich für ein Tier entscheidet, trifft eine Wahl fürs Leben und für den Tierschutz. Immerhin bedeutet dieser Schritt weit mehr, als sich einfach einen vierbeinigen Begleiter ins Haus zu holen, der sehr wahrscheinlich eine Vergangenheit hat. Er ist ein bewusstes Bekenntnis zu einem ethisch und nachhaltig verantwortungsvollen Umgang mit Tieren. Wenn man sich für eine Adoption aus dem Tierschutz oder den Kauf bei einem seriösen Züchter entscheidet, setzt man ein Zeichen dafür, dass man das Wohlergehen der Tiere in den Mittelpunkt stellt. Seriöse Züchter legen Wert auf Gesundheit, Wesensfestigkeit und artgerechte Aufzucht. Sie sorgen dafür, dass die Elterntiere unter optimalen Bedingungen gehalten werden: mit ausreichend Platz, artgerechter Ernährung und tierärztlicher Versorgung. Die Welpen werden in einem behüteten Umfeld geboren, erhalten frühzeitig soziale Kontakte und werden liebevoll aufgezogen und sozialisiert. Wer sich bewusst für eine seriöse Zucht entscheidet, kann zumindest dazu beitragen, dass skrupellose Vermehrung eingedämmt wird. Leider gibt es auch heute noch zahlreiche Fälle, in denen Tiere aus reiner Profitgier vermehrt werden. Diese skrupellosen Vermehrer – auch als „Puppy Mills" bekannt – sind ein enormes Problem für den Tierschutz. Hier werden Hündinnen als reine „Gebärmaschinen" missbraucht, meist in engen, dreckigen Käfigen gehalten, ohne Zugang zu frischer Luft, Tageslicht oder medizinischer Versorgung. Sie produzieren einen Wurf nach dem anderen, bis ihr Körper völlig ausgelaugt ist. Die Welpen, die unter diesen Bedingungen geboren werden, sind krank, geschwächt und leiden unter genetischen Defekten, weil Vermehrer auf Inzucht und Quantität statt Qualität setzen. Der vermeintlich günstige Preis eines solchen Welpen erweist sich für viele Käufer häufig als teure Falle. Erst nach dem Kauf zeigen sich schwere gesundheitliche Probleme wie beispielsweise Parasitenbefall; Organfehlbildungen oder Immunschwächen, die leider keine Seltenheit sind. Die Kosten für tierärztliche Behandlungen können den Kaufpreis schnell um ein Vielfaches übersteigen. Doch nicht nur gesundheitlich, auch verhaltensmäßig sind diese Hunde häufig schwer traumatisiert: Sie kennen keine normalen Alltagsgeräusche, keine Menschenhand, keine Umweltreize. All das kann zu Ängsten, Unsicherheiten oder Aggressionen führen. Die Folge? Viele dieser Hunde landen früher oder später im Tierheim, weil ihre Halter überfordert sind. Doch das Problem reicht noch tiefer: Jeder Welpe, der aus einer solchen Vermehrung gekauft wird, finanziert das System weiter. Solange es Nachfrage gibt, werden Vermehrer weiter produzieren, und das auf Kosten der Tiere: Während engagierte Tierschützer mit aller Kraft versuchen, herrenlose Tiere zu versorgen, aus schlechten Verhältnissen zu retten und verantwortungsvolle Vermittlungen zu ermöglichen, boomt das Geschäft mit illegalen Welpen. Jeder Kauf bei einem Vermehrer nimmt einem Tier aus dem Tierschutz die Chance auf ein Zuhause und hält das Leid der Muttertiere in den Zuchtanlagen aufrecht. Besonders dramatisch wird es, wenn die sogenannten „Zuchthunde“ ausgedient haben. Was passiert mit den Hündinnen, die zu alt oder zu krank geworden sind, um weiterhin Welpen zu produzieren? Die Antwort ist erschütternd: Viele werden einfach getötet oder ausgesetzt. In einigen Fällen landen sie bei Menschen wie Teresa, die zur letzten Auffangstelle für diese Hunde werden. Die Vermehrer klopfen bei ihr an die Tür und stellen ihr ein grausames Ultimatum: Entweder sie nimmt die ausgedienten Hunde auf, oder sie werden getötet. Eine Entscheidung, die Teresa jedes Mal aufs Neue schwerfällt. Nimmt sie die Hunde auf, rettet sie ihnen das Leben, doch gleichzeitig hilft sie den Vermehrern indirekt, indem sie ihnen die „unbrauchbaren“ Tiere abnimmt und somit Platz für neue Zuchthunde schafft. Lehnt sie ab, bedeutet es für die Hunde den sicheren Tod. Bisher hat Teresa sich immer für das Leben entschieden. Jeder einzelne dieser Hunde ist gezeichnet von den Strapazen der jahrelangen Ausbeutung: körperlich ausgelaugt, seelisch gebrochen. Sie brauchen Monate, wenn nicht Jahre, um Vertrauen zu fassen und sich zu erholen; wenn sie es überhaupt schaffen.

Dabei sind es nicht nur die großen, berüchtigten Puppy Mills irgendwo im Ausland, die das Problem darstellen. Auch all jene, die ihre Hündin „nur einmal“ decken lassen möchten, „weil sie so süß ist“, oder weil „die Kinder das miterleben sollen“, tragen zur Überpopulation und zum Tierleid bei. Ob aus Unwissenheit oder Gleichgültigkeit – solche unbedachten Hobbywürfe, die dann in sozialen Netzwerken oder auf Plattformen wie kleinanzeigen.de weitergegeben werden, sind keineswegs harmlos. Zwar ist der private Verkauf von Tieren auf Kleinanzeigen inzwischen verboten, doch viele Anbieter umgehen das Verbot, indem sie das Tier offiziell „kostenlos“

abgeben, aber eine sogenannte „Schutzgebühr“ verlangen – eine versteckte Verkaufsgebühr, die als vermeintlicher Schutz vor unseriösen Interessenten deklariert wird. Zudem werden Tiere häufig über soziale Medien oder Messenger-Dienste vermittelt, wo die Kontrolle besonders schwerfällt. Die Verantwortlichen umgehen wichtige tierschutzrechtliche Vorgaben, entziehen sich jeglicher Kontrolle und verursachen oft unbemerkt enormes Leid. Denn: Wer verantwortungsvoll züchtet, muss deutlich mehr tun, als nur zwei Hunde miteinander zu verpaaren. Seriöse Züchter:innen lassen ihre Hündinnen vorab umfassend tierärztlich untersuchen. Dazu gehören nicht nur ein Gesundheitscheck, sondern auch genetische Tests auf vererbbare Krankheiten, Röntgenaufnahmen der Hüfte (HD), Ellbogen (ED) und der Kniescheiben (Patellaluxation) sowie Herz- und Augenuntersuchungen, je nach Rasse. Auch der Charakter der Elterntiere wird kritisch beurteilt, denn nicht nur körperliche, sondern auch psychische Merkmale werden weitervererbt.

All das fehlt bei sogenannten „einmaligen Würfen“ in der Regel komplett. Oft wird eine junge, gesunde Hündin für zuchttauglich gehalten, nur weil sie niedlich aussieht oder „noch nie krank war“. Doch das ersetzt keine seriöse Untersuchung, und vererbte Krankheiten wie Epilepsie, Hüftdysplasie oder auch schwere Allergieneigungen bleiben häufig unerkannt und landen so wortwörtlich im Körbchen der ahnungslosen neuen Familie. Die Leidtragenden sind am Ende nicht nur die Welpen, sondern auch die Menschen, die sie aufnehmen – mit viel zu hohen Tierarztkosten, emotionaler Überforderung und im schlimmsten Fall der Abgabe des Hundes ins Tierheim. Ein Hund ist keine Ware, die man „günstig“ im Internet oder auf Märkten kaufen sollte. Stattdessen sollte entweder ein seriöser

Züchter mit nachweislicher Verantwortung oder – und das liegt mir besonders am Herzen – eine Adoption aus dem Tierschutz in Betracht gezogen werden. Denn nur so kann langfristig etwas gegen das Leid der Vermehrerhunde und die Überfüllung der Tierheime getan werden. Wer einen Hund in sein Leben holen möchte, trifft keine spontane Entscheidung – sondern übernimmt Verantwortung für viele Jahre. Es geht nicht nur um die Wahl eines Haustieres, sondern um die bewusste Entscheidung für ein Leben, das in deinen Händen liegt.

Zucht ist für viele Menschen dennoch ein kontroverses Thema, und nicht wenige empfinden auch die gezielte Zucht von Hunden als eine Form der Ausbeutung. Besonders in einem Buch, das sich dem Tierschutz und der Adoption widmet, darf diese Perspektive nicht fehlen. Seriöse Zucht gibt es, keine Frage – doch sie sollte immer die Ausnahme bleiben, nicht die Regel. Denn während es kontrollierte Zuchten gibt, warten weltweit Millionen von Hunden auf eine zweite Chance. Jeder Hund, der aus seriöser Quelle adoptiert oder übernommen wird, ist ein klares Nein zu Ausbeutung und achtlosem Vermehren – und ein Ja zu Mitgefühl, Fürsorge und einem besseren Miteinander von Mensch und Tier.

Du kannst das Leben eines Hundes verändern – und vielleicht auch ein Stück die Welt.

Ida – die lebensfrohe Schwester, die Vertrauen neu entfachte

Ich erinnere mich noch genau an den Tag, an dem Ida in unser Leben trat. Ida, die Schwester von unserem ersten Pflegehund Bruno, haben wir zu uns geholt, als ihre damalige Adoptivfamilie sie plötzlich abgeben musste: Der Vater hatte nach drei

Wochen eine „Allergie“ gegen Hunde entwickelt, und der Verein, mit dem wir keine sonderlich guten Erfahrungen gemacht hatten (dazu später mehr), kontaktierte uns. Wir entschieden uns einzuspringen, weil wir einfach nicht wissen wollten, was mit Ida andernfalls passiert wäre. Es war spät in der Nacht, und Rafael und ich machten uns auf eine vierstündige Fahrt in den Norden Deutschlands, um Ida abzuholen. Ich erinnere mich an das mulmige Gefühl in der Brust, als wir in regnerischer Dunkelheit an einer Autobahnraststätte ankamen, um diese junge Welpin aus ihrer gewohnten Umgebung zu reißen. Anfangs schien alles vielversprechend: Ida bekam bei uns eine zweite Chance, sich in einem liebevollen Umfeld zu erholen, und wir setzten alles daran, ihr Vertrauen in die Menschen zurückzugewinnen. Obwohl sie äußerlich kaum etwas mit Bruno gemeinsam hatte – ihr Fell war hellbeige, seines rabenschwarz –, erinnerte mich ihr Gesichtsausdruck sofort an ihn: dieses kecke Grinsen, dieser wache Blick, der freche Schalk in den Augen. Ida war klug, neugierig und von Anfang an außerordentlich sozial. Sie suchte die Nähe zu meinem Rudel, orientierte sich an den anderen Hunden und wickelte mit ihrer offenen, charmanten Art jeden um den Finger, Mensch wie Tier. Kein Hund ging an ihr vorbei, ohne kurz zum Spiel aufgefordert zu werden. Ihr Wesen war wie ein Magnet: lebensfroh, verspielt und voller Vertrauen ins Leben, das ihr so übel mitgespielt hatte.

Wenn ich eins bei der Vermittlung meiner Pflegehunde gelernt habe: Die Herausforderungen gehen weit über den emotionalen Aspekt hinaus. Denn trotz intensiver Bemühungen und transparenter Kommunikation über Idas bisherigen Werdegang kam sie schon nach einer Woche in ihrer zweiten neuen Familie erneut zu uns zurück. Die Begründung? Der Ersthund möchte doch lieber Einzelhund bleiben. Ich erinnere mich noch an den Moment der Abgabe, als gesagt wurde: „Jetzt habe ich es eben einmal getestet und gemerkt, dass ein Zweithund nichts für uns ist." Es war nicht der Ersthund, der den Versuch ablehnte – sondern der Mensch. Dieser Satz brannte sich in mein Herz ein. In Idas Augen war nach diesem einschneidenden Erlebnis ein tiefes Gefühl von Leere zu erkennen. Die strahlende, lebensfrohe Energie, die sie bei uns entwickelt hatte, war verschwunden. Ida wirkte gebrochen. Sie war gebrochen.

Idas Rückkehr hat mich zutiefst getroffen. Es war schmerzhaft zu sehen, wie ein junger Hund, der so viel Potenzial hatte, wieder in die Vermittlung kam – nun schon zum zweiten Mal. Ein Zustand, den kein Hund verdient. Diese Erfahrung führte mir erneut eins vor Augen: Die Entscheidung, einem Tier ein Zuhause zu geben, ist ein bedeutender erster Schritt, doch damit beginnt die eigentliche Verantwortung erst. Ein Tier aufzunehmen, bedeutet nicht nur, ihm ein Dach über dem Kopf zu bieten, sondern es auch artgerecht zu versorgen, seine individuellen Bedürfnisse zu erkennen und ein Leben lang für sein Wohlergehen zu sorgen. Viele Tiere landen in Tierheimen oder im Tierschutz, weil ihre Halter sich diese Verantwortung im Vorfeld nicht ausreichend bewusst gemacht haben: sei es aus Unwissenheit, Überforderung oder aufgrund mangelnder Vorbereitung. Jedes Tier hat spezifische Bedürfnisse, abhängig von seiner Rasse, Herkunft, seinem Temperament und seinen bisherigen Erfahrungen. Ein Windhund hat einen anderen Bewegungsdrang als eine Bulldogge, ein ehemals ängstlicher Straßenhund stellt andere Anforderungen an sein Umfeld als ein aufgeschlossener, menschenbezogener Hund. Es reicht nicht, einem Tier nur Futter und ein warmes Plätzchen zu bieten. Es muss sich sicher, verstanden und gefördert fühlen. Regelmäßige rasse- und typgerechte Bewegung ist essenziell. Während einige Hunde, wie Hütehunde oder Jagdhunde, geistige und körperliche Herausforderungen brauchen, um ausgeglichen zu sein, sind andere mit kürzeren, aber intensiven Spaziergängen zufriedener. Ein unterforderter Hund kann Verhaltensauffälligkeiten entwickeln: von Hyperaktivität über Zerstörungswut bis hin zu Aggressionen. Gleichzeitig kann ein überforderter Hund, der ständig zu Aktivitäten animiert wird, ebenso gestresst sein. Hier ist es wichtig, ein gesundes Gleichgewicht zu finden. Außerdem lebt kein Hund gern isoliert. Hunde sind soziale Wesen und brauchen den Kontakt zu ihren Menschen und vor allem ihren Artgenossen. Gerade Tierschutzhunde, die oft eine schwierige Vergangenheit haben, benötigen Zeit und Geduld, um Vertrauen zu fassen und sich an ihr neues Leben zu gewöhnen. Das bedeutet auch, dass der Mensch sich mit ihrem Verhalten auseinandersetzen muss. Angsthunde brauchen eine ruhige, sichere Umgebung, traumatisierte Hunde geduldiges Training, unsichere Hunde klare Führung. Die Bindung zwischen Mensch und Tier wächst nicht von heute auf morgen. Sie entsteht durch gemeinsame Erlebnisse, Geduld und Konsequenz. Es gibt gute und schlechte Tage, Herausforderungen und Rückschläge. Doch wer bereit ist, sich wirklich auf sein Tier einzulassen, sich weiterzubilden und geduldig zu sein, wird mit einer tiefen Verbindung belohnt. So auch bei Ida. Ihr Happy End hat auf sich warten lassen, aber unser kleiner Sonnenschein hat es bekommen. Eine liebe Freundin von mir, Bahar, hatte sich bereits früher einmal für Ida interessiert, damals war Ida aber schon ausgezogen. Als Ida zurückkam, meldete ich mich direkt bei ihr und fragte, ob ihr Interesse noch bestand. Bahar und ihre Familie kamen daraufhin für ein ganzes Wochenende zu Besuch, und wir nahmen uns viel Zeit, um alle offenen Fragen zu klären und in Ruhe ein Kennenzulernen zu ermöglichen. Nach zwei Tagen war für Bahar und ihre Familie klar: Sie wollten ihr Rudel vergrößern. So durfte Ida endlich in ihr Für-immer-Zuhause ziehen. Heute lebt sie glücklich in einer Familie, die Erfahrung hat und sie über alles liebt – zusammen mit zwei anderen Hunden und zwei Kindern. Auch wenn Ida lange Zeit mit Verlustängsten zu kämpfen hatte, hat sie sich in ihrem neuen Zuhause zu einem wunderbaren Familienhund entwickelt. Idas Geschichte zeigt, wie wichtig es ist, sich Tag für Tag bewusst für das Tier zu entscheiden und ihm ein Leben zu ermöglichen, das seinen individuellen Bedürfnissen gerecht wird. Nur so entsteht echter, nachhaltiger Tierschutz.

2.

Teresas Pfötchenfarm

Wenn der Tag auf der Pfötchenfarm beginnt, ist es noch still. Nur das gelegentliche Bellen einzelner Hunde durchbricht die morgendliche Ruhe. Inmitten der Hügel, wenige Kilometer außerhalb Lissabons, in der Nähe von Setúbal, liegt das private Tierheim von Teresa, in dem um die 400 Hunde leben. Sie kommen aus staatlich geführten Einrichtungen, von der Straße, aus Beschlagnahmungen oder aus Haushalten, in denen sie jahrelang in Kettenhaltung dahinvegetierten. Manche wurden abgegeben, andere einfach entsorgt. Auf der Pfötchenfarm bekommen sie eine zweite Chance. Ein Leben nach dem Überleben.

Der liebevolle Name „Pfötchenfarm" entstand in Anlehnung an den portugiesischen Partnerverein P.A.T.A.S. Auf Portugiesisch bedeutet „Patas" schlicht „Pfoten", und so wurde aus der Vision eines sicheren Zufluchtsorts ein Ort mit einem Namen, der genau das verkörpert: ein geschützter Raum für viele kleine Pfoten.

Eine Lebensaufgabe mit Verantwortung: Teresas Geschichte

Wenn man mit Teresa spricht, merkt man schnell: Diese Frau hat viel gesehen und noch mehr gefühlt. Aufgewachsen ist sie in einer kleinen Stadt in Portugal, dort, wo die Sommer heiß sind und die Straßen oft staubig. Doch ihre Geschichte ist nicht eine von Urlaubspostkarten und Meeresrauschen, sondern von Tieren in Not und einem Herzen, das nie wegsah.

„Eu tinha um sonho!“
„Ich hatte einen Traum!“

Geboren wurde Teresa in Afrika, als Tochter portugiesischer Auswanderer. Hunde und Katzen lebten dort frei, fast wie ein Teil der Natur. Das Konzept von Haustieren gab es nicht. Auch keine emotionale Bindung zu ihnen – ebenso wenig wie zu Menschen. Zuneigung war ein seltenes Gut. Schon als Kind hatte Teresa Mitleid mit den Tieren auf der Straße. Sie litt, wenn sie einen Hund jaulen hörte, während er unter Schlägen davonrannte – nur weil er versucht hatte, ein paar Essensreste zu ergattern, um seinen Hunger zu stillen. Musste man ihn dafür wirklich bestrafen? Mit welchem Recht? Obwohl Teresa noch klein war, spürte sie den Schmerz und die Ungerechtigkeit tief in sich. Ihre Sensibilität war stärker als die Gleichgültigkeit der Erwachsenenwelt um sie herum. Immer wenn sie sagte, sie wolle eines Tages „die Mama aller kleinen Hunde und Katzen dieser Welt sein“, lachte ihre Familie nur. Die Welt, in der Teresa lebte, war nicht groß. Aber in ihrem Herzen war schon Platz für alle Tiere.

Gemeinsam mit ihrer Schwester begann sie, einen wilden Kater zu beobachten, einen kleinen, vorsichtigen Kerl, ständig verjagt, immer auf der Hut vor Menschen. Aber irgendetwas in ihm schien zu spüren, dass diese zwei Mädchen anders waren. Vielleicht roch er die kleinen Portionen des Essens, die sie ihm heimlich mitbrachten. Vielleicht fühlte er auch einfach ihre stille Zuneigung. Mit Geduld und Hingabe gewannen sie sein Vertrauen. Er ließ sich streicheln, schnurrte, rieb sich an ihren Beinen. Schließlich wurde er zu „ihrem Kater", und sie tauften ihn Minou. Die Mutter der beiden akzeptierte Minou, allerdings unter einer Bedingung: Er durfte niemals mit reinkommen. Tiere im Haus? Undenkbar.

Jede Nacht kam Teresas Mutter mit einer Taschenlampe ins große Kinderzimmer, um sicherzugehen, dass sich keine Schlange ins Bett ihrer vier Kinder geschlichen hatte. Strom gab es nicht – nur das flackernde Licht der Lampe, während sie sich schweigend von Bett zu Bett bewegte. Erst wenn sie alles kontrolliert und die Tür leise geschlossen hatte, wurde es still, und dann ... dann kroch Minou vorsichtig unter einer Decke hervor. Kurz darauf kam ein kleines Schälchen Milch zum Vorschein, das liebevoll für ihn aufgehoben worden war. Die Mädchen beobachteten ihn voller Glück und tauschten heimliche Blicke aus. Sie wussten genau, dass sie gegen die Regeln verstießen. Aber wenn er doch so zufrieden schnurrte und glücklich trank, wie konnte das falsch sein? Teresas Herz sprach lauter als das Verbot. Und ihre Liebe siegte. Minou war das erste Haustier, das Teresa je hatte, und der Anfang einer lebenslangen Verbindung zu Tieren, die nie mehr abriss.

„A guerra – o adeus. Mas por quê?"

„Der Krieg – ein Abschied. Doch warum?"

Dann begann der Krieg. Die Kolonie der Weißen, der Teresa und ihre Familie angehörte, musste das Dorf und schließlich das Land verlassen, ihnen wurde nach dem Leben getrachtet, Gewalt breitete sich unaufhaltsam aus. Es war Zeit zu fliehen. Vier Kinder und zwei Erwachsene brachen im Jahr 1958 mit dem Auto auf, eine gefährliche Reise lag vor ihnen. Sie würden unbekannte Wege durchqueren, Wälder voller Gefahren, die glühende Hitze, wilde Tiere … All das beschäftigte die Erwachsenen. Aber für Teresa und ihre Geschwister begann der wahre Schmerz mit einer einzigen Frage: Darf Minou mit ins Auto? Die Antwort war ein schneidendes Nein. Warum nicht? Was wird aus ihm? Werden sie ihm wehtun? Wer wird ihn füttern? Wer wird sich um ihn kümmern? Vier kleine Kinder weinten hemmungslos, ihr Schluchzen ließ sich nicht stoppen – doch es änderte nichts. Die Entscheidung stand fest. Minou gehörte nicht zum Fluchtplan, er blieb zurück. Aus der Rückscheibe versuchten ihre tränenerfüllten Augen, seine kleine Gestalt zu erkennen. Ein letztes Mal noch. Doch bald verschwand seine Silhouette in der Staubwolke des davonfahrenden Autos. Warum? Warum musste Minou zurückbleiben – dieser sanfte Kater, der niemandem etwas tat, der so glücklich gewesen war, so sehr geliebt wurde? Teresa spürte tief in sich: Sie hatten Minou im Stich gelassen. Und in den Kinderherzen wuchs ein Schuldgefühl, das keine Worte lindern konnten. Mitnehmen durften sie nur eine einzige Erinnerung: Minous kleine Milchtasse. Eine unscheinbare, zerbrechliche Schale und doch das Kostbarste, was sie auf dieser Reise besaßen. Eine Reliquie, gefüllt bis zum Rand mit Liebe, Verlust und dem stummen Versprechen, niemals zu vergessen.

„Crueldade. Não há palavras."

„Grausamkeit. Dafür gibt es keine Worte."

Der Mensch hat Gewohnheiten erschaffen, die von grausamer Brutalität zeugen, und doch gelten sie bis heute als „Tradition". Nach der Flucht lebte Teresa mit ihrer Familie im Heimatdorf ihres Vaters in Alentejo, Portugal – einem Ort, an dem alte Traditionen tief verwurzelt waren. Zwei davon lassen Teresa bis heute nicht los: die Stierkämpfe und die „Schweineschlachtung". Über Ersteres möchte sie gar nicht viele Worte verlieren, denn das Thema ist eng verwoben mit mächtigen Interessen und erschreckender Heuchelei. Es sind oft genau jene, die vor dem Spektakel andächtig beten, und sich anschließend daran erfreuen, ein Tier öffentlich zu verletzen oder gar zu töten. Und das alles im Namen der Kultur. Die „matanca do porco", also das traditionelle Schlachten eines Schweins im familiären Kreis, ist mittlerweile gesetzlich verboten. Und doch lebt diese Tradition weiter – als willkommener Vorwand, um Freunde und Familie zusammenzubringen, gemeinsam zu essen und noch besser zu trinken. In Teresas Kindheit wurden die Kinder ausdrücklich dazu aufgefordert, diesem grausamen Ritual beizuwohnen. Um zu lernen. Aber lernen ... was? Dass der Tod eines Tieres ein Spektakel sein darf? Dass Leiden unter dem Deckmantel von Geselligkeit akzeptabel ist? Sollte das wirklich die Botschaft an die nächste Generation sein? Sobald Teresa spürte, dass die Vorbereitungen begannen, floh sie. So weit weg, dass die Schreie des Tieres sie nicht mehr erreichen konnten. Erst Stunden später kehrte sie zurück, um eine Art Schein-Normalität zu wahren. Ihre Augen waren rot vom Weinen. Ohne ein Wort schlich sie in ihr Zimmer. Dort verfluchte sie im Stillen jeden einzelnen Anwesenden. Sie wünschte sich, dass alle für diese Barbarei zur Rechenschaft gezogen würden – auf irgendeine Weise.

Auch Ostern bedeutete für die kleine Teresa nichts als Schmerz. Jedes Jahr wurde ein Lamm ausgewählt, um die Festtafel zu schmücken – behutsam aufgezogen, liebevoll gefüttert, einen ganzen Monat lang. Sie war etwa acht Jahre alt, als ein besonders sanftes, zutrauliches Lamm für die bevorstehende Schlachtung bestimmt wurde. Ihr Herz brach. Sie ging zu ihm, um ihm nahe zu sein, um es zu streicheln, um ihm beizustehen in den letzten Stunden seines Lebens. Sie wollte ihm vergeben, wenn es denn überhaupt etwas zu vergeben gab für einen Tod, der längst beschlossene Sache war.

Irgendwann schlief sie ein.

Als sie wieder aufwachte, war es eine wütende Mutter, die sie aus dem Schlaf riss – empört über ihr Verschwinden und das ruinierte Festtagskleid. Das Lamm hatte es beschmutzt, während es sich zu ihr gekuschelt hatte. Zur Strafe bekam Teresa mehrere Ohrfeigen.

Nicht das Lamm war schuld.

Nicht die Erwachsenen, die den Tod planten.

Sondern sie, das Kind, das Mitgefühl zeigte.

„A nossa estrelinha – Platão."

„Unser Sternchen – Platão."

Jahre später – längst selbst erwachsen, mit eigener Familie und einem Zuhause in Lissabon – wurde Teresa zur unermüdlichen Beschützerin von schutzlosen Tieren. Ihr Beruf als Englischlehrerin, den sie als junge Frau ergriffen hatte, kam ihr dabei zugute: Ein Gespräch über die Haustiere der Schülerinnen und Schüler entwickelte sich oft ganz von selbst. Doch viel zu häufig endeten diese Erzählungen in traurigen Geständnissen über Misshandlungen, Vernachlässigung oder Gedankenlosigkeit. Da war das kleine Hündchen der Familie, das draußen im Hof an einer kurzen Kette lebte. Es hatte Welpen bekommen, die der Vater kurzerhand tötete. „Einer reicht doch", sagte er. Oder die Kätzchen, die am Vortag in einem Mülleimer gefunden wurden, kaum wenige Tage alt, hilflos, frierend, die die Trennung von der Mutter nicht überlebten. Oder die Schülerin, die heimlich eine Hündin mitbrachte, die sie auf dem Heimweg gefunden hatte. Weil sie wusste, dass der Vater sie sonst einfach wieder dort aussetzen würde, wo sie herkam. Und so ging Teresa nach dem Unterricht oft noch einmal los. Um die Hunde zu suchen, um eine gefundene Katzenfamilie zu füttern oder um ein Kind nach Hause zu begleiten, das nicht mehr dorthin wollte.

An einem Frühlingsnachmittag, der Unterricht war gerade vorbei, bemerkte sie eine Traube von Kindern am Ende des Pausenhofs. Was war da los? Zwei Schülerinnen standen dort, schon seit Stunden, mit fünf Hundewelpen. Sie hatten sie in einem verlassenen Hof gefunden und versuchten verzweifelt, ein Zuhause für jedes der Tiere zu organisieren. Einige Kinder wollten sich um die Welpen kümmern und hatten sie bereits mit nach Hause genommen, nur um kurz darauf wieder zurückzukehren, enttäuscht, weil ihre Familien sie nicht behalten wollten. Keiner der fünf war adoptiert worden. Teresa bat die beiden Mädchen, nach der Mutter der Welpen zu suchen. Vielleicht irrte sie unglücklich umher, auf der Suche nach ihren Jungen. Aber der Versuch blieb ohne Erfolg. Es wurde dunkel, die meisten Kinder gingen nach Hause. Nur die zwei Schülerinnen blieben – zusammen mit den fünf Welpen. Was sollte Teresa nun machen? Die Mädchen fragten schüchtern, ob ihre Lehrerin vielleicht helfen könnte. Und ja – sie konnte. Die Erleichterung in den Gesichtern der Mädchen war unbezahlbar.

Teresa nahm die fünf Hundekinder mit nach Hause, in ihre kleine Wohnung, die sie mit ihrem Mann und ihren drei Kindern teilte. Damit begann erneut eine dieser Phasen, die Teresa mittlerweile schon so vertraut waren: sorgfältige Gespräche mit potenziellen Adoptant:innen, genaues Hinterfragen von Versprechungen, ein nie endendes Gefühl der Verantwortung. Einer nach dem anderen fand ein Zuhause. Nur einer blieb übrig: der „hässlichste" der Welpen, zumindest in den Augen ihrer Kinder. Teresa und ihre Familie lebten wie stille Helfende im Tierschutz. Freiwillig, aber mit großer Ernsthaftigkeit. Fast täglich halfen sie in irgendeiner Form einem Tier in Not. Sie empfanden all diese Tiere als „ihre" Tiere, auch wenn sie nicht dauerhaft bei ihnen lebten. Doch dieser eine Welpe, traurig, schüchtern, mit hängenden Ohren und gesenktem Kopf – er berührte etwas in ihnen. Langsam und mit großer Ausdauer schlich er sich in ihre Herzen. Nach langen Gesprächen über Aufgabenverteilungen und Verantwortlichkeiten fiel schließlich die Entscheidung: Der Welpe durfte bleiben. So begann das Leben von Platão in Teresas Familie.

„Xuxa e Tina. Escuridão e luz."
„Xuxa und Tina: Schatten und Licht."

Doch weil Teresas Zuhause nicht als dauerhafter Zufluchtsort für Hunde gedacht war, widmete sie sich vor allem dem Schutz von Katzen. Diese kamen mit weniger Raum aus, lebten oft in Gruppen und fanden in Teresas kleinem Haushalt eher Platz als große Hunde. Dadurch kam sie in Kontakt mit verschiedenen Tierschutzvereinen, bei denen sie sich engagierte. Doch wo Katzen sind, sind auch Hunde, und so kam es immer wieder vor, dass Teresa auch Hunde in Not aufnahm. Das machte sie in den Augen einiger zur unliebsamen Nachbarin. Denn: Hunde bellen, es wurde sich beschwert. Schließlich kam sogar die Polizei. Diese Zeit war für Teresa kaum auszuhalten, und schließlich zog sie Konsequenzen: Sie bat um vorzeitigen Ruhestand und verließ die städtische Umgebung. 2005 begann Teresa ein neues Kapitel ihres Lebens – in einem abgelegenen Haus in Bispeira im Norden Portugals mit großem Garten. Gemeinsam mit ihren Töchtern zog sie aufs Land, näher zur Natur und den Tieren, denen sie helfen wollte. Ihr Mann blieb zurück – er hatte die Familie verlassen. Ihr Sohn begann später sein eigenes Leben in Lissabon.

Endlich konnte Teresa aufatmen. Sie hatte nun Raum zum Leben und zum Helfen. Zum ersten Mal hatte sie nicht mehr das Gefühl, sich verstellen zu müssen, ständig auf der Hut zu sein, ihre Tierliebe verbergen zu müssen. Doch die Nächte blieben unruhig. Ihre Gedanken kreisten oft um einen Ort in Lissabon, den man nur als den „Todestrakt" des städtischen Tierheims kannte. Ein Ort des Grauens, wie viele erzählten. Die Tiere dort vegetierten in geschlossenen, luft- und lichtlosen Räumen. Der Lärm sei ohrenbetäubend gewesen. Das Jaulen, Betten, Winseln, das Kratzen an Wänden. Der Gestank unerträglich. Und noch schlimmer: Die Tiere spürten das Grauen. Sie fühlten die Grausamkeit, den nahenden Tod. Und sie wehrten sich dagegen. Sie wollten leben. Für Teresa war klar:

Dort wollte sie helfen. Sie hatte nun Platz. Sie hatte Liebe. Sie hatte einen unerschütterlichen Willen. Doch selbst das Helfen wurde ihr schwer gemacht. Es schien fast so, als sei das Leid der Tiere gewollt – als bereite es jemandem Genugtuung. Wie konnte es so viel Gefühlskälte gegenüber hilflosen Lebewesen geben? Wie konnten ihre Schicksale so willkürlich entschieden werden? Warum glaubte der Mensch, über Leben und Tod verfügen zu dürfen? Wo war das Mitgefühl geblieben? Die Liebe?

Aus dem „Todestrakt“ durfte man nicht mehr als drei Tiere auf einmal retten. Und noch schlimmer: Jede Person konnte das nur einmal tun. Aber Teresa ließ sich nicht aufhalten. Sie aktivierte ihr Netzwerk. Freunde, Kollegen, Bekannte. Jeder, der bereit war, mutig zu sein, für drei Leben einzustehen. Und so fanden nach und nach immer mehr Tiere den Weg zu ihr. Verängstigt. Orientierungslos. Mit leeren Blicken. Doch ihre Augen begannen zu leuchten, kaum dass sie begriffen, dass sie gerettet waren. Nur ein einziger kleiner, alter, schwarzer Hund schien keine Angst mitgebracht zu haben – Xuxu. Er war blind, lebte ohnehin in Dunkelheit. Für ihn hatte der Todestrakt keine neue Bedeutung – abgesehen davon, dass es dort nichts zu essen gab, und das bedeutete für ihn das Ende. Denn warum sollte man Tiere füttern, die sowieso getötet würden? Ein krankes, aber gängiges Denken. Teresa nahm Xuxu in die Arme und hieß ihn willkommen.

Auch aus den Azoren, einer portugiesischen Inselgruppe im Atlantik, erreichten sie immer wieder Schreckensnachrichten: völlig überfüllte Tierheime, in denen Hunde einfach wegen ihres „schmutzigen“ Aussehens getötet wurden. Einmal hatte man die leblosen Körper von 20 dieser Hunde demonstrativ vor die Tore ihres Eigenheims gelegt. Eine abscheuliche und entmenschlichte Szene, die Teresa bis heute Scham empfinden lässt, überhaupt zur Spezies Mensch zu gehören.

Doch es gab auch Hoffnung. Viele Menschen unterstützten die Rettungen der Hunde. Flugpaten, die die Hunde von den Azoren nach Lissabon begleiteten, waren meist schnell gefunden. Aber es musste Geld gesammelt werden. Für die Flüge, für die Transportboxen, für die Tierheimgebühren. Die Hunde, die auf dem Festland ankamen, waren meist abgemagert, verwahrlost. Oft konnten sie kaum laufen, weil ihr verfilztes Fell ihre Beine einschnürte. Teresa prüfte stets sorgfältig ihre Impfbücher – sie wusste, worauf zu achten war. Meist handelte es sich um neu ausgestellte Dokumente, mit frischen Impfungen, neuen Namen und Mikrochipnummern. Nicht etwa, weil die Hunde so gut versorgt worden wären – im Gegenteil: Viele von ihnen hatten lange Zeit keinerlei medizinische Versorgung erhalten. Aber um ein Tier gesetzlich korrekt übergeben zu dürfen, braucht es eine aktuelle Impfung, eine Registrierung und einen offiziellen Pass. Diese Papiere wurden meist erst kurz vor der Abgabe ausgestellt – oft ein Versuch, das Bild eines versorgten Tieres zu vermitteln. Doch eines Tages machte Teresa beim Durchsehen ebendieser Pässe, die zu einer Gruppe kleiner Hündinnen gehörte, die gerade neu bei ihr angekommen waren, eine ungewöhnliche Entdeckung. Sechs Jahre lang war ein Pass lückenlos gepflegt worden – mit Einträgen, einem alten Chipregister und einem Namen, den Teresa aus den vielen Dokumenten des staatlichen Tierheims kannte, mit dem sie zusammenarbeitete und aus dem sie immer wieder Hunde herausholte: Tina. Der Name begegnete ihr öfter, wenn sie die Tierheimliste durchging, um sich ihre neuen Schützlinge auszusuchen. Zwei Jahre lang war ihr Pass leer geblieben –

bis auf eine einzige Eintragung, kurz vor ihrer Rettung. Teresa war sich sicher: Tina war einst geliebt worden. In einer Zeit, in der Mikrochip und Impfungen noch Luxus waren. Sie setzte sich zu den neu bei ihr angekommenen Hunden und rief leise „Tina?". Noch einmal: „Tina?" Plötzlich hob eine kleine, apathisch wirkende Hündin den Kopf. Ihre Augen wurden groß. Teresa wiederholte den Namen: „Tina?" Was dann geschah, war pure Magie. Die Hündin begann zu laufen, zu springen, sich zu wälzen. Voller Freude, völlig außer sich. Sie rannte zu Teresa, dann wieder weg, kam zurück, drehte sich im Kreis. Jemand kannte sie. Jemand rief ihren Namen. Jemand war gekommen, um sie zu holen. Teresa konnte ihre Tränen nicht zurückhalten. Tränen der Rührung, der Freude und auch der Trauer über all das erlittene Leid. Sie nahm Tina in die Arme, drückte sie fest, während die Hündin ihre Hände unaufhörlich mit Küssen bedeckte. Sicher war Tinas Besitzer verstorben. Und wie so oft blieb das Tierheim als einzige „Lösung", denn in dieser Welt stellt ein Hund kein Erbe dar. Er wird nicht mitgenommen, nicht bedacht. Er bleibt zurück. Doch Tina war gefunden worden. Und Tina war wieder glücklich. Bald darauf hatte sie ein neues Zuhause.

„O início – Patas e Tino."
„Der Anfang – Patas und Tino."

Es war in jener Zeit in Bispeira, als Teresa begonnen hatte, sich gezielt für die Hunde im Lissabonner Tierheim einzusetzen, dass sie einer besonderen Person begegnete – jemand mit einem ebenso großen Herzen für Tiere wie sie. Luisa. Zu diesem Zeitpunkt hatte Teresa bereits für über 100 gerettete

Hunde einen sicheren Hafen geschaffen. Die Begegnung mit Luisa sollte vieles verändern. Denn durch sie erfuhr Teresa von einer deutschen Organisation, die Hunden aus Portugal ein liebevolles Zuhause vermittelte: TiNo e.V. Mönchengladbach.

Luisa, die Gründerin des portugiesischen Tierschutzvereins P.A.T.A.S., war es, die Teresa vorschlug, einen von ihren Schützlingen zur Adoption anzubieten. Einen, der bereit für sein neues Leben war. So kam Alibaba ins Spiel. Ein besonderer Hund, der unter Teresas Obhut neue Hoffnung geschöpft hatte. Die Vorstellung, dass einer von Teresas Schützlingen ein warmes, sicheres Zuhause bei einer Familie bekommen würde, die sehnsüchtig auf ihren neuen Gefährten wartete, bewegte Teresa zutiefst. Natürlich sagte sie sofort zu. Und so begann im Jahr 2013 offiziell die Zusammenarbeit zwischen TiNo, P.A.T.A.S. und der Pfötchenfarm. Eine Zusammenarbeit, die nicht nur vielen Tieren das Leben retten sollte, sondern auch ihr eigenes auf eine neue Ebene brachte.

Alibabas Vermittlung war der Beginn von etwas Großem.

Was damals wie ein kleiner, unscheinbarer Schritt erschien – ein Hund, eine Reise, eine Adoption –, wurde schon bald zu einem festen Bestandteil von Teresas Alltags. Denn immer mehr Hunde fanden durch diese Zusammenarbeit ihren Weg von der Dunkelheit ins Licht, von der Unsicherheit im Leben zur Geborgenheit.

„Sem porto de abrigo. Sem forças."
„Ohne sicheren Hafen. Ohne Kraft."

In jenen dunklen Tagen, als das Leben Teresa mit einer Härte prüfte, die kaum in Worte zu fassen ist, blieb ihr kaum etwas, woran sie sich festhalten konnte. Eine ihrer Töchter war 2015 unter tragischen Umständen gestorben, und dieser Verlust hatte alles in ihr zerstört. Der Boden unter ihren Füßen, ihre Erinnerungen, ihr Blick auf die Zukunft – alles war zerbrochen. Es war, als hätte das Leben selbst die Farbe verloren. Wenig später kam ein neuer, unbarmherziger Schlag. Im Oktober 2016 erhielt sie eine gerichtliche Aufforderung, alle 100 Hunde und 50 Katzen innerhalb der nächsten zwei Monate von ihrem Grundstück zu entfernen. Andernfalls würden sie beschlagnahmt werden. Ohne Alternativen, ohne die geringste Empathie für Teresas Arbeit. Der Druck wuchs, und Teresa wurde zunehmend zur Zielscheibe. Ein massenweises Töten unschuldiger Lebewesen stand im Raum, als letzte Konsequenz. Aber selbst in der dunkelsten Stunde blieb Teresa nicht allein. Menschen, die ihre Tierschutzarbeit kannten und respektierten, standen plötzlich an ihrer Seite. Eine Welle der Solidarität half ihr, diesen brutalen Einschnitt zu überstehen. Fristen wurden verlängert, Unterkünfte organisiert, Spenden gesammelt. Die Tiere, die ihr Lebensinhalt waren, wurden geschützt. Doch Teresa wusste: Ein weiteres Mal musste sie loslassen. Ein weiteres Mal würde sie entwurzelt und gezwungen werden, ihre gewohnte Umgebung zu verlassen, ihre Zukunft neu zu definieren.

So zog sie 2016 erneut um. Diesmal gemeinsam mit ihrer verbliebenen Tochter. Noch weiter weg vom Lärm der Welt, dorthin, wo niemand sich mehr beschweren konnte, wo ihre Liebe zu den Tieren nicht länger eine Zielscheibe war. Ein verlassener Schuppen mit einem undichten Dach ganz im Süden Portugals wurde ihr neues Zuhause. Es war marode, kalt, manchmal kaum bewohnbar. Aber es war frei. Frei von Vorschriften, frei von Argwohn, frei von jenen, die sich über ihre

Menschlichkeit erhoben hatten. In dieser Phase eröffnete der Tierschutzverein TiNo e. V. Mönchengladbach Teresa neue Möglichkeiten. Nicht nur als Mitstreiter. Nicht nur als Helfer mit Werkzeugen in der Hand. Sondern als jemand, der an ihre Arbeit glaubte. TiNo baute mit ihr – unter Regen und Hitze, unter Zeitdruck und Hoffnung – neue Unterkünfte für die Hunde. Käfige wurden zu kleinen Refugien. Jeder Quadratmeter zählte, jedes Stück Draht, jedes bisschen Zement. Gemeinsam schufen sie – wo vorher nur Verzweiflung war – einen Ort, an dem Tiere sicher waren.

Ein Ort, an dem auch Teresa heilen konnte.

Nicht vergessen. Aber heilen.

„E sim! Eu ainda tenho um sonho!“

„Und ja – ich träume noch immer!“

Die letzte Woche vor dem Umzug war geprägt von Abschieden. Teresa fuhr täglich Hunderte Kilometer, um ihre Schützlinge nach und nach in ihr neues Zuhause zu bringen. Immer mit der Sorge im Gepäck, ob alles gut gehen würde. Die sensiblen oder kranken Tiere würden zuletzt folgen, Teresa wollte sie der Belastung des Umzugs so kurz wie möglich aussetzen. Darunter war auch Fred, ein afghanischer Windhund. Wunderschön, mit einem sanften Gemüt, doch zutiefst verunsichert. Fremde Menschen versetzten ihn in Panik, nur bei Teresa fand er Ruhe. Er war krank – Leishmaniose, eine durch Sandmücken übertragene Infektionserkrankung –, aber stabil. Eingestellt. Er sollte ihr Begleiter der letzten Fahrt werden. Doch als sie eines Abends heimkam, lag Fred leblos auf dem Boden ihrer Stube. Ein Schock. Ein letzter Schlag, als wäre das Leben noch nicht fertig mit ihr. Die Tränen kamen wie ein Sturm. Nicht diesmal, nicht schon wieder, dachte Teresa. Diesmal war es kein Verlassenwerden, keine Flucht, kein plötzlicher Verlust. Diesmal hatte sie alles geplant. Niemand sollte zurückbleiben.

Aber der Tod hält sich nicht an Absprachen. Fred kam dennoch mit. Still, eingewickelt in eine Decke, ein letztes Mal in ihrer Nähe. Teresa begrub ihn auf der Quinta, ihrem neuen Hof, unter einer alten Olive, dem Symbol des Friedens – dem Frieden, den sie immer gesucht hatte. Und dann, wie um zu beweisen, dass das Leben nie nur Dunkelheit ist, geschah etwas Unerwartetes. Auf dem Rückweg zur alten, fast leeren Wohnung sah sie im Scheinwerferlicht einen kleinen, weißen Schatten am Straßenrand. Teresa bremste. Die läuft bestimmt weg, dachte sie. Doch das Wesen blieb. Zitternd, zerzaust, mit großen, ängstlichen Augen – aber sie lief nicht davon. Es war keine Katze, wie Teresa zuerst dachte, sondern eine kleine Hündin. Erschöpft, vernachlässigt, verloren. Teresa nahm sie mit. Und am nächsten Tag, auf ihrer allerletzten Fahrt in ihr neues Leben, saß Freda auf dem Beifahrersitz. Ein zarter Funke inmitten des Chaos. Ein Zeichen. Als hätte Fred, ihr großer schwarzer Gefährte, ihr noch etwas geschickt. Klein, weiß, zerbrechlich, aber voller Hoffnung. Freda war der leise Beweis dafür, dass noch nicht alles vorbei war. Dass da noch immer Leben war auf dieser Welt. Vertrauen. Eine Zukunft. So wurde Freda das neue Kapitel und gleichzeitig eine Brücke zum alten. Freda lebte einige Jahre an Teresas Seite. Dann kam auch ihre Zeit, zu gehen. Nun ruht sie unter der Olive, direkt neben Fred. Weiß neben Schwarz.

Und Teresa?

Sie ist noch da.

Müde, ja.

Erschöpft, oft.

Aber niemals leer.

Denn sie gibt, was sie hat: Liebe. Wärme. Zuflucht. Sie heilt, was zerbrochen war. Sie glaubt, wenn andere aufgegeben haben. Sie ist für viele Tiere die letzte Hoffnung und für einige das erste Zuhause.

Und wenn Teresa eines Tages selbst zur Ruhe kommt, wird auch sie dort liegen – bei ihren Tieren, unter der Olive der Hoffnung. Denn Teresa hatte einen Traum. Nein, sie hat ihn noch. Diesen einen Traum, der sie am Leben hält. Der mit ihr geht, bis zum letzten Atemzug.

Heute, mit 71 Jahren, lebt Teresa auf genau diesem Stück Land mit knapp 400 geretteten Hunden auf dem Gelände der Pfötchenfarm. An einem Ort, an dem die Tiere zur Ruhe kommen dürfen, oft zum ersten Mal in ihrem Leben. Teresa hat hier etwas geschaffen, das größer ist als sie selbst: einen Ort der zweiten Chancen, geboren aus persönlicher Konsequenz, aus Mitgefühl und dem Bedürfnis, nicht länger wegzuschauen. Das ursprünglich kleine Tierheim wurde stetig ausgebaut und verfügt mittlerweile über eine eigene Krankenstation, bis vor Kurzem haben neben freiwilligen Helferinnen und Helfern aus aller Welt zwei feste Angestellte Teresa bei ihrer wichtigen Arbeit unterstützt. Oft reichen diese helfenden Hände nicht aus, um die Mammutaufgabe zu stemmen. Teresa ist daher auf ehrenamtliche Unterstützung angewiesen – besonders über die Sommermonate hinweg reisen immer wieder Menschen an, die mit anpacken und sie entlasten. Doch all das wäre ohne finanzielle Unterstützung nicht möglich. Dank der großartigen Community, die sich über meinen Social-Media-Kanal gebildet hat, konnten wir in den vergangenen vier Jahren über 30.000 Euro an Spendengeldern sammeln. Mit diesen Mitteln haben wir aktiv dazu beigetragen, die Situation der Hunde in Portugal zu verbessern. Sei es durch den Ausbau des Tierheims, die medizinische Versorgung oder dringend benötigtes Futter. Die Versorgung von 400 Hunden ist jedoch nicht nur logistisch eine Mammutaufgabe, sondern auch emotional. Der Tierheimalltag ist geprägt von Verantwortung und Hingabe. Rund um die Uhr kümmert Teresa sich um ihre Schützlinge, versorgt sie mit Futter, verabreicht Medikamente, beobachtet Veränderungen, vergesellschaftet Neuankömmlinge in bestehende Hunderudel ein, und das mit einem wachen Auge auf jedes einzelne Tier.

Auch wenn Teresas Schützlinge bei ihr in Sicherheit sind, versorgt, gepflegt und umsorgt werden – ein echtes Zuhause kann ihre Pfötchenfarm nicht ersetzen. Es bleibt eine Zwischenstation auf dem Weg in ein besseres Leben. Jeder vermittelte Hund verkörpert für Teresa nicht nur einen leeren Futternapf, sondern auch Platz für ein neues Tier in Not. Und so geht ihre Arbeit weiter. Tag für Tag, Jahr für Jahr. Still, beständig und geprägt von unerschütterlichem Engagement.

Ein Tag auf der Pfötchenfarm: Alltag mit Herz, Schweiß und Hoffnung

Pünktlich um neun Uhr startet die Arbeit auf der Farm. Zuerst heißt es: Gehege reinigen, und das beinhaltet weit mehr als „nur“ sauber machen. Zunächst begibt man sich zu einer kleinen Holzhütte und deckt sich mit den nötigen Utensilien ein: Ein Besen, ein Bollensammler, Eimer und leere Futtersäcke werden in die Schubkarre geladen. Diese recycelten Futtersäcke haben auf der Farm ein zweites Leben als übergroße Kackbeutel für die Entsorgung der Hinterlassenschaften der Hunde. Je nachdem, wie viele helfende Hände an diesem Tag mit anpacken können, werden die Helferinnen und Helfer auf die verschiedenen Bereiche des Tierheims eingeteilt: Dieses gliedert sich in die Bereiche Gang A, B und C sowie die sogenannte „Front" – der vordere Teil auf der anderen Seite von Teresas Haus. Mit der Schubkarre arbeitet man sich Gehege für Gehege vor. Der Boden wird von Kot befreit, die Liegeplätze werden gefegt, Decken ausgeschüttet und kontrolliert. Auch die Zäune und Rückzugsorte der Hunde werden dabei genau inspiziert: Haben sich neue Löcher im Zaun aufgetan? Hat sich ein Hund aus Langeweile durchgeknabbert? Die Eimer und leeren Säcke füllen sich schnell und werden in einem gesonderten Müllcontainer fachgerecht entsorgt. Es ist eine körperlich anstrengende, aber auch meditative Arbeit, bei der man den Hunden ganz nah ist. Zu den täglichen Aufgaben gehört auch, zu prüfen, ob alle Futtercontainer noch ausreichend gefüllt sind. Denn auf der Pfötchenfarm steht den Tieren 24/7 Futter zur Verfügung. Teresa weiß: Nur wenn Ressourcen nicht knapp sind, werden sie nicht verteidigt. Kein Hund muss hier hungern oder um seine Mahlzeit kämpfen. Diese permanente Verfügbarkeit ist ein Schlüssel dafür, dass das Leben in großen Rudeln überhaupt funktioniert. Keine Ressourcenkämpfe, keine Angst vor dem Hunger. Stattdessen gibt es für die Hunde ein friedliches Miteinander in artgerechter Rudelhaltung. Und: Bei Teresa ist Buddeln erlaubt! Die Ausläufe bestehen aus Sand, nicht aus Beton, wie in den staatlichen Einrichtungen. Die Hunde dürfen hier toben, rennen, spielen – und nach Herzenslust buddeln. Tiefe Löcher sind Ausdruck von Lebensfreude, von Freiheit, von

Normalität. Für das Team bringen sie körperliche Arbeit mit sich, denn sie müssen regelmäßig gestopft werden. Eine Aufgabe, die alle gern auf sich nehmen. Schließlich steht sie für das, was die Farm ausmacht: Bedürfnisse erkennen und zulassen. Bevor ein Loch zugeschüttet wird, wird natürlich ganz genau geschaut, ob sich darin nicht doch ein scheuer oder ängstlicher Hund versteckt hat, der einfach nur in Ruhe gelassen werden will. Sind alle Gehege sauber, wird der Wasserstand in den Trögen kontrolliert und bei Bedarf frisches Wasser nachgefüllt. Besonders an heißen Tagen eine essenzielle Angelegenheit.

Sind die Hunde versorgt, geht es weiter mit den administrativen Aufgaben. Dazu gehört das Scannen und Identifizieren neuer Hunde, das Anlegen von Akten, das Erfassen medizinischer Bedürfnisse und natürlich auch das Fotografieren und Filmen für die Vermittlung. Denn nur wer gesehen wird, hat eine Chance, ein Zuhause zu finden. Videos sind besonders wichtig, um den Charakter der Hunde vor allem aus der Ferne besser einschätzen zu können – für potenzielle Familien ebenso wie für die Vermittelnden. Damit einher geht ein weiterer zentraler Bestandteil des Tierheimalltags: die Sozialisierung. Dafür halten sich Helferinnen und Helfer bewusst in den Gehegen auf. Sie setzen sich zu den Hunden, streicheln jene, die Körperkontakt suchen, und geben gleichzeitig den scheuen Tieren die Möglichkeit, Menschen aus sicherer Entfernung zu beobachten und Vertrauen zu fassen. Denn Mensch steht hier nicht für Zwang, sondern für Ruhe, Pflege, Futter. So lernen die Hunde Stück für Stück, dass sie keine Angst haben müssen. Diese ruhige, aber präsente Zeit bei den Hunden ist nicht nur für deren Entwicklung wichtig, sondern auch für die tägliche Einschätzung ihres körperlichen und seelischen Zustands.

Man beobachtet Gangbild, Verhalten im Rudel, eventuelle Auseinandersetzungen oder Veränderungen. Ist ein Hund verletzt? Humpelt jemand? Hat es vielleicht eine Beißerei gegeben, die medizinisch versorgt werden muss? All das fällt nur auf, wenn man wirklich hinsieht, und das tun auf der Pfötchenfarm wirklich alle. Die Beobachtungen helfen zudem dabei, sinnvolle Entscheidungen zu treffen: Muss ein Hund aus einer bestehenden Gruppe herausgenommen werden, weil er zu kurz kommt oder ständig gemobbt wird? Zeigt ein Tier neue Seiten, die auf eine mögliche Vermittlung hindeuten? Möchte ein eigentlich scheuer Hund plötzlich gestreichelt werden? All das fließt in die tägliche Arbeit mit ein. Und während die einen noch Decken ausschütteln oder Wasser nachfüllen, setzen sich andere zu den Hunden, die Nähe suchen, gestreichelt, betüddelt und gesehen werden wollen. Denn auch das ist Teil der Arbeit und ein großes Stück Lebensqualität für die Hunde, die oft erst auf der Pfötchenfarm erfahren, was es heißt, geliebt zu werden.

Ein Zuhause für die, die niemand will

Teresa setzt sich mit besonderem Herzblut für alte, kranke und unvermittelbare Hunde ein. Viele von ihnen erinnern sie, wie sie sagt, an sich selbst – zerbrechlich, gezeichnet vom Leben und doch voller Würde. Heute leben bei ihr zahlreiche Hunde, die auf tägliche medizinische Versorgung angewiesen sind und für die eine Vermittlung weder sinnvoll noch zumutbar wäre. Genau hier zeigt sich, was seriöse Tierschutzarbeit ausmacht: Es geht nicht darum, jeden Hund um jeden Preis zu vermitteln. Sondern darum, im besten Interesse des Tieres zu handeln. Auch ich habe während meiner Aufenthalte auf der Pfötchenfarm, zu der ich seit mehreren Jahren regelmäßig reise, gelernt, dass es Hunde gibt, die sich bewusst vom Menschen fernhalten. Die ihre Ruhe wollen, ihren sicheren Rückzugsort, Artgenossen, ein Stück Freiheit. Für manche bedeutet das Leben im geschützten Tierheimumfeld deutlich mehr Lebensqualität als ein Alltag im Haushalt. Genau deshalb ist die Verbesserung der Bedingungen vor Ort so wichtig, und genau hier setzt das Patenhundprojekt an, das Teresa gemeinsam mit TiNo Leben gerufen hat. Alles begann 2015 mit Esperanza, von allen nur „Espi" genannt. Eine Straßenhündin, die regelmäßig von Tierschützern in Portugal gefüttert wurde. Eines Morgens lag sie reglos am Boden. Blutend, schwer verletzt. Jemand hatte ihr den Rücken aufgeschlitzt, Haut entfernt, sie sogar im Maulbereich verletzt. Espi überlebte und kam nach der Klinikversorgung zu Teresa. Dort wurde sie zum allerersten Patenhund. Lange blieb sie scheu, wollte von Menschen nichts wissen. Doch mit Geduld, Sicherheit und Unterstützung durch Pat:innen blühte sie langsam auf. Jahre später wurde sie tatsächlich vermittelt! Seitdem steht das Projekt symbolisch für zweite Chancen. Denn es ermöglicht Teresa, diesen Hunden, deren Geschichten oft von Leid geprägt sind, einen sicheren Lebensplatz zu bieten. Für sie ist die Pfötchenfarm ihr Zuhause und ihre letzte Station. Die monatlichen Kosten für Futter, Spezialfutter, Medikamente, Tierarztbesuche, Unterbringung und Betrieb belaufen sich aktuell auf etwa 4.500 Euro – Tendenz steigend. Besonders die kranken Tiere brauchen täglich Pflege wie Medikamente, Augentropfen, regelmäßige Kontrollen. Zweimal am Tag versorgt Teresa ihre Schützlinge medizinisch und emotional. Sie kennt jede Diagnose, jede Eigenart, jede Geschichte.

Mit einer Patenschaft können Menschen helfen, dieses Projekt möglich zu machen. Wer eine Patenschaft übernimmt, unterstützt mit einem frei wählbaren monatlichen Beitrag die Versorgung eines bestimmten Tieres und wird zum Schutzengel eines Wesens, das zu oft übersehen wurde. Dadurch erhalten die Hunde die notwendige medizinische Versorgung und ein Zuhause, in dem sie ihren Lebensabend in Ruhe verbringen können. Denn manche Tiere brauchen keinen Neuanfang, sie brauchen einfach nur die beruhigende Aussicht auf ein sicheres Ende. Auch das gehört zum ehrlichen Tierschutz: zu akzeptieren, dass nicht jeder Hund ein klassisches Zuhause braucht. Und genau deshalb bleiben diese Hunde bei ihr. Weil es manchmal das Beste ist, nicht noch einmal alles zu verändern. Weil Ruhe, Sicherheit und ein verlässlicher Mensch oft mehr bedeuten als ein neues Zuhause.

Teresas Hunde

Wenn man Teresas Tierheim betritt, merkt man sofort: Hier ist nichts geschönt. Hier wird nicht selektiert, nicht sortiert, nicht aussortiert. Hier leben Hunde aller Farben, Größen und Geschichten. Kleine, große, dünne, dicke, schwarze, weiße. Junge Hunde voller Energie, aber auch alte Seelen mit müden Augen. Hunde mit fehlenden Gliedmaßen, mit sichtbaren Narben und mit solchen, die man nur spürt, wenn man ihnen zu nahe kommt. Die Pfötchenfarm ist ein Ort für alle. Und genau das ist es, was echten Tierschutz ausmacht. Er ist für jeden Hund da. Nicht nur für die, die sich gut vermarkten lassen. Während man bei vielen unseriösen Organisationen fast ausschließlich Welpen oder hübsche Junghunde mit perfekten Fotos findet, zeigt sich auf der Farm ein ganz anderes Bild. Denn echter Tierschutz bedeutet auch, hinzusehen, wo es unbequem wird. Und Verantwortung zu übernehmen für die, die sonst keiner will.

Da ist zum Beispiel Susi, eine kleine strubbelige Hündin mit sanften Augen, die aus einem Messihaushalt gerettet wurde. Jahrelang lebte sie unter unwürdigen Bedingungen, bis sie beschlagnahmt wurde und zu Teresa kam. Doch wie so oft zog sich die rechtliche Freigabe endlos hin. Erst wenn der gesamte Fall vor Gericht abgeschlossen ist, darf das Tier offiziell vermittelt werden. Papierkram, Fristen, Unterschriften: ein zähes Spiel der Bürokratie, während die Tiere einfach nur ankommen wollen. Teresa schrieb mir im Sommer 2024 überglücklich: „Susi ist frei! Jetzt beginnt ihr Leben richtig." Und genau das sollte sie auch, ohne noch länger zu warten. Also holten wir sie ganz spontan zu uns auf Pflege. Damit sie erstens nicht noch mehr Zeit verliert und zweitens das schönste Zuhause von allen finden kann. Denn Susi ist ein herzensguter Hund, der so viel gelitten hat und dennoch nie ihren sanften Kern verlor. Solche Fälle gibt es viele: Aktuell leben 9 beschlagnahmte Hunde bei Teresa, für die es keine klare Perspektive gibt. Hunde, die zum Opfer menschlicher Fehler wurden, während die Verantwortungslosigkeit der Täter folgenlos bleibt.

Dann ist da Hanna, eine kleine, blinde Hündin voller Angst, die in Teresas Obhut zum ersten Mal in ihrem Leben Sicherheit gefunden hat. Oder Gretel, eine dreibeinige Hündin, die schon lange auf ihre Menschen wartet. Georgia, jung, kräftig, voller Energie – aber schnell überfordert mit neuen Situationen. Nicht jeder Hund ist schwer vermittelbar. Etwa 150 der insgesamt rund 400 Hunde sind aktuell zur Adoption online vorgestellt. Es gibt verlässliche, freundliche Hunde, die bereit für ihr neues Zuhause sind. Junghunde, die neugierig auf die Welt warten. Aber eben auch Hunde mit Verhaltensthemen, mit Krankheiten, mit Ängsten. Hunde, die Nähe suchen, und solche, die Distanz brauchen. Manche leben seit Jahren hier, weil sie einfach nicht ins „klassische" Adoptionsprofil passen. Doch die Pfötchenfarm lässt keinen zurück, denn sie ist nicht nur ein Tierheim. Sie ist ein Zuhause. Für die, die nie eins hatten oder es wieder verloren haben.

Menschen wie Teresa zeigen, was es bedeutet, wirklich hinzusehen. Sie schauen nicht weg, geben nicht auf und kämpfen jeden einzelnen Tag weiter. Die Pfötchenfarm ist kein Ort des Mitleids, sondern der Hoffnung. Die Hunde hier sind nicht einfach Opfer, sie sind Überlebende. Und Menschen wie Teresa geben ihnen nicht nur ein Dach über dem Kopf, sondern auch ein Leben. Einen Namen. Einen Platz in dieser Welt, an dem sie einfach sein dürfen.

Wenn am Abend die Sonne über den Olivenbäumen versinkt und das Bellen langsam verstummt, bleibt dieser Moment: das Wissen und die Zuversicht, dass sich jede Anstrengung lohnt. Deshalb braucht Teresa eine Bühne. Weil sie zeigt, was echter Tierschutz bedeutet, und weil Hoffnung manchmal genau dort wächst, wo andere längst weggesehen haben.

3.

IST TIERSCHUTZ AUCH WAS FÜR MICH?

Ein Sonnenstrahl namens Rana

Meine Reise in den Tierschutz begann mit Rana: einem kleinen, schmutzigen, aber strahlenden Sonnenschein, der unser Leben auf eine Weise veränderte, die ich nie für möglich gehalten hätte. Rana, damals noch Fini genannt, lebte in Portugal unter Bedingungen, die sich kaum vorstellen lassen: Zusammen mit ihren Geschwistern wurde sie in einer Tötungsstation in einem engen Käfig geboren, umgeben von Lärm, Kot und Elend. Als Teresa die Familie vor dem sicheren Tod rettete und zu sich auf die Pfötchenfarm holte, ahnten wir noch nichts von Rana. Aber als wir später ihre Geschichte hörten, wussten wir, dass wir handeln mussten.

2017 kamen wir zum ersten Mal mit Teresas Arbeit in Berührung – über den Verein TiNo e.V. Mönchengladbach, der ihre Tierschutzarbeit auf der Pfötchenfarm in Portugal bis heute unterstützt. Natürlich gab es ein klärendes Vorgespräch, bevor wir Fini zu uns holen konnten – und auch einige berechtigte Fragen. Rafael und ich waren damals noch junge Studierende mit einer ungewissen Zukunft. Mit unserem Wirbelwind Mojo hatten wir eigentlich alle Hände voll zu tun. Wie würde das mit zweitem Hund, Studium, Jobsuche und Wohnsituation funktionieren? Könnten wir im Zweifel für alles aufkommen? Wie sahen unsere Pläne aus, auch Plan B oder C? Wir besprachen alles offen und ehrlich. Versprachen, Verantwortung zu übernehmen, auch wenn sich unsere Lebensumstände ändern würden. Unsere Familien standen hinter uns, wir hatten Rückhalt. Im Notfall, aber auch im Alltag. Und genau das war dem Verein wichtig: dass jemand sich nicht nur nach einem Hund sehnt, sondern sich ernsthaft mit allem auseinandersetzt, was dazugehört. Uns beeindruckte, dass TiNo jungen Menschen grundsätzlich nicht die Tür vor der Nase zuschlug, sondern zuhörte, prüfte, vertraute. Dass nicht Alter oder Beruf entscheidend waren, sondern Haltung. Das ist einer der Hauptgründe, warum ich heute noch mit voller Überzeugung für genau diesen Verein arbeitete: weil jede:r eine Chance bekommt, sofern sie oder er bereit ist, Verantwortung zu tragen. Nach positiver Vorkontrolle und guter Absprache war es dann endlich so weit.

Im August 2017 machten Rafael, Mojo und ich uns auf den Weg nach Portugal, um Rana persönlich kennenzulernen. Das Vorhaben verknüpften wir mit unserem dreiwöchigen Urlaub bei Rafaels Familie in Figueira da Foz. Kurz nach unserer Ankunft fuhren wir los, um „unsere“ Rana abzuholen. Die Reise war abenteuerlich und emotional: Wir verirrten uns mehrmals, und Teresa half uns am Smartphone geduldig, den Weg zu finden. Als wir endlich an ihrer abgelegenen Farm ankamen, öffnete sich ein großes, blaues Tor, das uns in eine Welt voller Hunde führte. Überall Gebell, wedelnde Ruten, aufmerksame Augen – ein wildes, lebendiges Chaos. Und mittendrin: ein kleines, wuseliges Bündel mit leuchtenden Augen, das sich mit unsicherem Körper, aber unbeirrbarer Freude seinen Weg durch die anderen Hunde bahnte. Als Rana uns sah, stieß sie leise, aufgeregte Laute aus und kam mit wackelndem Popo auf uns zu. Ich kniete mich hin, öffnete die Arme – und Rana sprang mir ohne zu zögern auf den Schoß. So, als hätte sie längst gewusst, dass wir zu ihr gehörten. Und sie zu uns.

Wir legten ihr das neue Geschirr an und übergaben Teresa die 25 Euro Schutzgebühr – ein Betrag, der fast absurd gering erschien für ein ganzes Leben, das da gerade in unsere Hände gelegt wurde. Aber Rana war sozusagen ein „Selbstabholer-Hund“: Weil wir sie direkt in Portugal übernahmen, entfielen die sonst üblichen Kosten für den Transport nach Deutschland, die Ausstellung der TRACES-Papiere (ein EU-weites System zur Rückverfolgbarkeit von Tiertransporten), die Kastration und die Organisation rund um die Einreise. All das, was bei einer Adoption aus dem Auslandstierschutz normalerweise in der Schutzgebühr von rund 490 Euro enthalten ist. So wurde Rana zu dem wohl „günstigsten Hund“, den man sich vorstellen kann. Abschließend erhielten wir ihren EU-Heimtierausweis samt Schutzvertrag.

Mit allem in der Hand – und auf dem Schoß – ging es los in ihr neues Leben. Die ersten Stunden waren von einer fast surrealen Intensität. Rana roch nach Staub und Sonne, sie war müde und aufgekratzt zugleich. Und völlig überfordert.

Sie weinte, jaulte und versuchte, zurück ins Tierheim zu gelangen, in das Leben, das sie kannte und ihr vertraut war. Sie verstand schlichtweg nicht, was da gerade mit ihr passierte. Das Auto mochte sie überhaupt nicht – sie kannte es ja nicht –, und nach zehn Minuten Fahrt warf sie uns ihr Frühstück sehr nachdrücklich vor die Füße. Der Gestank war atemberaubend, das Drama perfekt. Willkommen im Tierschutz.

Wir legten eine Pause ein, damit alle tief durchatmen und frische Luft tanken konnten. An der Leine laufen? Fehlanzeige. Kaum aus dem Auto, warf Rana sich auf den Boden, streckte alle viere von sich und ließ sich nicht bewegen. Mojo schien eher gelassen auf die ganze Szene zu blicken. Rafael und ich standen daneben, verwirrt, überfordert, aber auch glücklich. Denn trotz Chaos, Erbrochenem und großer Unsicherheit auf beiden Seiten fühlten wir: Das hier ist richtig. Irgendwie. Wir fuhren weiter. Nach rund drei Stunden kamen wir wieder bei Rafaels Familie in Figueira an. Rana hatte sich inzwischen etwas beruhigt, doch als ich sie ansah, überkam mich plötzlich ein komisches Gefühl. Etwas stimmte nicht. Ihr Gesicht sah anders aus als auf den Fotos, die ich tagelang angeschmachtet hatte. Ihre Augenfarbe – viel heller. Eine weiße Pfote. Eine weiße Schwanzspitze. Alles Dinge, die ich an „Fini“ nie gesehen hatte. Mir wurde plötzlich klar: Das hier war gar nicht die Hündin, die wir eigentlich adoptieren wollten!

Ich kontaktierte sofort meine Ansprechpartnerin Heike beim Verein. Sie entschuldigte sich für den Fehler und erklärte, dass wir statt Fini versehentlich ihre Schwester bekommen hatten – die eigentlich Fiona hieß. Heike fragte uns, ob wir die Hunde wieder tauschen wollten. Ich musste nicht lange überlegen. Eigentlich gar nicht. Denn während ich das Handy hielt, lag Rana mit Mojo kuschelnd neben mir. Ihre Pfote an meinem Bein, den Kopf auf Mojo gestützt und den Blick aus ihren bernsteinfarbenen Augen auf mein Gesicht geheftet. Vielleicht war es Schicksal oder einfach nur ein verrückter Zufall, aber was auch immer es war, es war genau richtig so. Rana durfte bleiben.

Die erste Zeit war turbulent. Rana kannte kein Gras unter ihren Pfoten, nur den trockenen, staubigen Boden der Farm. Es dauerte, bis sie sich traute, sich auf einer Wiese zu lösen. Aber sie machte vom ersten Tag an ihr großes Geschäft draußen – ein kleiner, aber erwähnenswerter Sieg. Wir verbrachten viel Zeit am Strand. Rana lernte, wie sich das Meer anfühlt, wie salziges Meerwasser schmeckt, wie es ist, durch Dünen zu rennen und an der Seite eines anderen Hundes durchs seichte Wasser zu tapsen. Wir unternahmen Ausflüge, erkundeten die Umgebung und ließen Rana die Welt entdecken – ganz behutsam und in ihrem Tempo. Die Bindung zu ihr wuchs mit jedem Tag. Aus Verunsicherung wurde Vertrauen. Aus Überforderung Freude. Nach drei Wochen Urlaub, unzähligen neuen Eindrücken und ganz vielen gemeinsamen Momenten traten wir mit zwei Hunden im Auto die Heimreise an. Gekommen waren wir mit Mojo, gefahren sind wir mit Mojo und Rana. Und obwohl Rana Autofahren noch immer nicht besonders mochte, geschah auf der Rückfahrt etwas Unerwartetes: Sie schlief. Kein Gejammer, kein Erbrechen, einfach nur Ruhe. Als hätte sie verstanden, dass sie nun auf dem Weg nach Hause war. In ihr Zuhause.

Rana war nicht der Hund, den wir gesucht hatten. Aber sie war genau der Hund, den wir brauchten.

Denn für Rafael und mich stand fest: Wir wollten einem Tier ein Zuhause geben, das sonst vielleicht übersehen worden wäre. Als dann Rana, dieses kleine Wesen, lebendig, verletzlich, voller Vertrauen und mit einem unsichtbaren Rucksack von quälenden Erfahrungen, Teil unseres Lebens war, begannen wir uns zu fragen, warum so viele Hunde wie sie überhaupt im Tierschutz landen. Warum Welpen in Tötungsstationen geboren werden. Warum Menschen ihre Verantwortung abgeben, sich drücken, wegsehen. Und warum es so oft dieselben Hunde trifft: die schwarzen, die großen, die alten, die kranken, die „nicht perfekten". Auch bei Rana hieß es, dass sie großes Glück gehabt hätte – viele Menschen interpretierten ihre gestromte Färbung als „dreckig" und nicht schön anzusehen. Vermutlich war dies auch der Grund dafür, weshalb drei ihrer Geschwister zwei Jahre auf eine Adoption warten mussten. Uns wurde beim Anblick der ganzen Hunde in Teresas Tierheim klar, wie sehr Tierleid mit menschlichen Entscheidungen zusammenhängt. An Ranas Seite lernten wir, dass echter Tierschutz auch bedeutet, sich mit den unbequemen Seiten auseinanderzusetzen. Mit Ängsten, Fehlern, Rückschlägen. Mit Hunden, die nicht alles mit sich machen lassen. Das Wissen, dass man nicht jeden retten kann, aber immer einen Unterschied macht, wenn man es versucht. Genau das hat Rana uns gezeigt. Nicht durch große Gesten, sondern durch kleine Momente: als sie zum ersten Mal auf ihren Namen hörte. Als sie begann, Mojo zu vertrauen. Als sie Gras unter den Pfoten spürte und dabei nicht mehr erschrak. Als sie einfach nur schlief – tief, ruhig und sicher. Bei einer Adoption geht es nicht um Perfektion. Es geht um Ankommen. Um Sicherheit. Um ein Leben, das zählt. Und vielleicht ist es genau das, was Tierschutz im Kern bedeutet: nicht Tiere zu retten, um sich selbst besser zu fühlen. Sondern ihnen das zu geben, was Ihnen so oft verwehrt bleibt. Eine faire Chance. Und jemanden, der bleibt. Wenn du einem Hund begegnest, der dir bedingungslos vertraut, kann dich das Bedürfnis überkommen, die Welt ein kleines Stück besser zu machen. Diesen Moment haben wir bei der Abholung von Rana in Portugal verspürt. Er war nicht nur für Rana ein Wendepunkt – herausgerissen aus einer trostlosen Umgebung, hinein in ein Leben voller Liebe –, sondern auch für uns. Denn mit ihr öffnete sich für uns eine Tür, durch die wir bis heute gehen: die Tür zum aktiven Tierschutz. Rana war der Anfang von etwas Größerem. Sie hat uns gezeigt, wie viel Verantwortung, aber auch wie viel Sinn darin liegt, Hunden in Not zu helfen. Aus ihrer Rettung entstand in uns der Wunsch, noch mehr zu tun – Pflegestelle zu werden, anderen Hunden ein Zuhause auf Zeit oder für immer zu schenken. Schließlich stehen hinter jedem einzelnen geretteten Hund unzählige andere, die noch auf ihre Chance warten. Und hinter jeder erfolgreichen Vermittlung, egal ob aus dem In- oder Ausland, steckt ein System, das oft übersehen wird: Menschen, die unermüdlich kämpfen, Strukturen, die verbessert werden müssen, und ein Kampf, der weit über einzelne Rettungen hinausgeht. Beim Wort „Tierschutz" denken wir gern an rührende Rettungsaktionen, an tränenreiche Happy Ends und an Menschen, die sich heldenhaft für Tiere einsetzen. Und ja, das ist ein Teil davon. Aber Tierschutz ist so viel mehr. Es beginnt nicht erst, wenn ein Hund aus schlechter Haltung gerettet wird, und es endet nicht, wenn ein Tier ein Zuhause findet. Tierschutz ist für alle Beteiligten ein Marathon, kein Sprint. Ein langfristiges Projekt, kein schnell erloschenes Strohfeuer. Und wenn man sich darauf einlässt, gibt es kein Zurück mehr. Wer einmal hinter die Kulissen geschaut hat, kann nicht mehr wegsehen.

Tierschutz ist dann nicht nur eine Frage des Wollens, sondern auch der Verantwortung. Wer helfen möchte, steht oft vor der Frage: Wo fängt man an? Wem kann man vertrauen? Leider gibt es auch im Tierschutz schwarze Schafe. Organisationen, die eher an schnellen Vermittlungen als am Wohl der Tiere interessiert sind. Gerade wer sich zum ersten Mal mit dem Thema befasst oder über die Adoption eines Hundes nachdenkt, sollte genau hinschauen. Worauf man konkret achten sollte, damit beschäftigen wir uns diesem Kapitel.

Tierschutz: Eine Lebenseinstellung, die von Herzen kommt

Vielleicht fragst du dich nach dieser Geschichte und allem, was wir dir bis jetzt zum Thema Tierschutz erzählt haben: Ist das überhaupt etwas für mich? Und vielleicht denkst du, du müsstest besonders mutig, stark oder sachkundig sein, um selbst auch Tierschutz leben zu können. Die Wahrheit ist: nein. Du musst nicht das Unmögliche leisten. Du musst nur bereit sein hinzusehen, hinzuhören, aufmerksam zu sein. Jede:r Einzelne von uns kann auf seine Art und Weise einen Unterschied machen. Dabei geht es nicht darum, als großer Held alle Probleme zu lösen, sondern vielmehr um die vielen kleinen Schritte, die zusammen ein großes Ganzes ergeben.

Nicht selten schreiben uns Leute, dass sie sich auch gern im Tierschutz engagieren würden, aber nicht so viel leisten können wie Rafael und ich. Schließlich haben sie nicht die Zeit, die wir haben, und nicht unsere Reichweite – aber genau das ist gar nicht der Punkt. Man muss seine Leistung nicht mit der von anderen vergleichen, um etwas bewirken zu können. Wenn jeder tut, was er kann, macht das die Welt schon ein ganzes

Stück besser. Niemand muss monatlich einen besonders herausfordernden Pflegehund aufnehmen oder bereit sein, sich direkt um den nächsten Notfall zu kümmern. Tierschutz bedeutet nicht, sich selbst zu überfordern, sondern im eigenen Tempo und Rahmen zu helfen. Es ist wichtig, sich daran zu erinnern, dass auch wir ahnungslos und ganz klein angefangen haben – mit der Adoption unseres Rüden Mojo. Damals war er für uns das größte Abenteuer. Wenn mir jemand zu dieser Zeit gesagt hätte, dass ich Jahre später zwei weitere Hunde adoptieren würde, einer davon mit nur drei Beinen durchs Leben geht und eine Prothese trägt, oder dass wir im Schnitt acht Pflegehunde pro Jahr begleiten und regelmäßig im Ausland aktiv im Tierschutz mithelfen – ich hätte es nicht geglaubt.

Diese Reise war nicht geplant. Sie ist mit uns gewachsen. Schritt für Schritt. Hund für Hund. Jede Erfahrung hat uns ein Stück weitergeführt, hat unser Herz geöffnet, unsere Sicht auf die Welt verändert und uns gezeigt, wie viel man bewegen kann – selbst wenn man am Anfang noch keine Ahnung hat, wohin der Weg führen wird.

Egal als wie klein du dein Handeln empfindest, es ist eine riesige Hilfe. Vielleicht hast du Bedenken, ob du den Schmerz aushalten könntest, wenn du dich von einem Pflegehund trennen musst, den du ins Herz geschlossen hast. Oder du fragst dich, ob du dem Hund damit überhaupt einen Gefallen tust. Schließlich bedeutet Pflege ja auch, dass er irgendwann wieder gehen muss. Ein neuer Wechsel, ein neuer Mensch, ein neues Zuhause. Viele Menschen glauben deshalb: „Das ist doch nicht fair dem Hund gegenüber." Aber die Wahrheit ist: Pflegehunde profitieren enorm davon, überhaupt jemanden zu haben. Jemanden, der sie sieht. Der ihnen Sicherheit gibt, der ihnen

Zeit schenkt, Geduld, Liebe. Oft zum allerersten Mal in ihrem Leben. Ja, ein Pflegehund wechselt irgendwann noch einmal das Zuhause. Aber dieser Wechsel findet nicht aus dem Nichts heraus statt. Er ist vorbereitet, begleitet und mündet in ein Für immer Zuhause, das mit Bedacht ausgewählt wurde.

Und was noch wichtiger ist: Ohne die Zwischenstation Pflegestelle gäbe es diesen zweiten Wechsel oft nicht, weil zahlreiche Hunde gar keine Chance bekämen, sich zu zeigen, Vertrauen zu fassen oder überhaupt als vermittelbar zu gelten. Pflegestellen sind keine Zwischenlager, sie sind Startpunkte. Für Heilung, für Entwicklung, für neue Chancen. Und vielleicht fragst du dich auch, ob du das alles aushalten könntest. Ob du stark genug wärst, einem Tier in Not zu helfen. Nur auf Zeit. Ob du loslassen könntest, ohne daran zu zerbrechen. Oder ob du dem Leid, das manche Tiere erfahren haben, wirklich standhalten kannst. Ich kann das so gut verstehen, denn ich dachte lange Zeit genauso.

Und dann kam Odie.

Für immer Odie Otter

Odie, Spitzname Odie Otter, zog vor drei Jahren völlig ungeplant bei uns ein, weil sein Adoptant in letzter Sekunde abgesprungen war. Ich sagte spontan zu, ihn zu uns zu holen, ohne zu wissen, dass dieser kleine Kerl mir nicht nur das Herz, sondern auch einen Teil meiner Seele nehmen würde. Odie war ein Podengo Português Pequeno, strubbelig und mit kaum noch Zähnen im Maul – was ihm einen herrlich schiefen Gesichtsausdruck verlieh. Seine leicht krummen Vorderbeine und das zottelige Fell trugen ihr Übriges dazu bei, dass er eher an eine Comicfigur als an einen „klassischen

Schönheitspreis-Gewinner“ erinnerte. Doch genau so war er perfekt. Als er aus dem Auto geladen wurde, brach bei allen ein kollektives Lachen aus. Er hatte diese ganz eigene, urkomische Ausstrahlung. Auch Rafael und ich sahen uns nur an, als würde uns beiden gleichzeitig klar: Dieser Hund hat etwas Magisches. Odie saß plötzlich zwischen uns, blickte sich völlig unbeeindruckt um – als hätte er keinen Tagestrip im Transporter hinter sich, sondern wäre gerade eben aus dem Wohnzimmer geschlendert. Wir sicherten ihn doppelt, wie es bei Neuankömmlingen üblich ist, öffneten die Tür, und Odie stapfte einfach los. Zielstrebig, fröhlich, ganz selbstverständlich. Er suchte sich den nächstbesten Busch, erleichterte sich und blickte dann kurz zu uns, als wollte er sagen: „Und jetzt? Abendessen?“ Odie war einer dieser seltenen Hunde, bei denen selbst das erste Bad zur Showeinlage wird. Er legte sich in die Dusche, klappte die Vorderbeine ein und ließ das Wasser einfach auf sich prasseln – als hätte er sein Leben lang auf diesen Wellnessmoment gewartet. Ich schwöre: Er hat dabei sogar gelächelt. Spätestens in diesem Moment war klar – das ist kein gewöhnlicher Hund. Das ist Odie Otter. Wenn es Futter gab, tippelte er aufgeregt mit den Vorderbeinen. Eine Mischung aus Pinguin und Robbe. Und verfressen war er! Meine Güte, war er verfressen. Sein kleiner kugeliger Körper war der beste Beweis dafür, und so starteten wir gemeinsam in eine sanfte Diät. Wobei „sanft“ relativ ist, denn eines Tages erwischte ich ihn dabei, wie er versuchte, eine meiner Mini-Kakteen zu fressen. Zum Glück war ich schneller als er – was bei Odie aber auch nicht die größte sportliche Leistung war. Alle liebten Odie. Einfach alle. Es wäre auch gar nicht anders gegangen. Er war einer dieser Hunde, die mit ihrer bloßen Anwesenheit die Stimmung hoben. Einer, der keine Negativität zuließ, als würde er sie mit seinem strubbeligen Charme einfach weglächeln. Drei Wochen lang lebte er bei uns, dann nahm eine Familie ihn mit aller Liebe auf und begleitete ihn vier Jahre lang durchs Leben. Odie hatte endlich sein Zuhause gefunden – eines, das ihn nicht nur liebte, sondern auch bereit war, alles für ihn zu tun. Denn erst dort stellte sich heraus, dass Odie vermutlich sein ganzes Leben mit Schmerzen verbracht hatte. Beide Knie waren kaputt, er hatte so lange gelitten, ohne dass es jemandem wirklich aufgefallen war – selbst mir nicht. So sehr hatte er gelernt, seine Schmerzen zu verstecken. Doch seine Familie zögerte keine Sekunde: Sie ließen beide Knie operieren, investierten Zeit, Liebe, Geld und Geduld, um ihm endlich ein Leben ohne Schmerzen zu schenken. Ich wusste: Diese Familie ist genau die, auf die Odie gewartet hat, es hätte keine bessere für ihn geben können. Und ich war so froh, ihn damals zu uns geholt und dann weitervermittelt zu haben – sonst hätte er vielleicht nie erfahren, wie es ist, geliebt und umsorgt zu werden. Vielleicht säße Odie noch immer im Tierheim, in dem niemand merkte, wie sehr er sich eigentlich quälte. Vielleicht wäre er dort allein gestorben.

Doch auch wenn es eine positive Wendung genommen hatte, kann das Leben grausam sein: Nach den erfolgreichen Knie-Operationen kam die nächste Diagnose – Cushing, eine Krankheit, die in der Regel durch eine Störung der Hormonproduktion entsteht, entweder durch einen gutartigen Tumor an der Hirnanhangsdrüse oder an den Nebennieren. Diese Störung führt dazu, dass der Körper dauerhaft zu viel Cortisol ausschüttet. Die Folgen sind gravierend: starker Durst, vermehrtes Wasserlassen, Heißhunger, Muskelschwund, bei vielen Hunden verändert sich der ganze Ausdruck. Die Augen verlieren ihr Leuchten, das Leben scheint sich still zurückzuziehen, obwohl das Herz noch schlägt. Nicht viel später blieb Odies Familie nichts anderes übrig, als ihn in Liebe gehen zu lassen. Noch am selben Tag kontaktierten sie mich. Und dieser Moment hat sich tief in mich eingebrannt, meine Welt stand still, als ich von Odie Otters Tod erfuhr. Sofort fing ich an zu weinen, weil es sich so falsch anfühlte. Vier Jahre. Das war doch viel zu wenig für ein ganzes Leben. Wieso musste er schon gehen, wo er doch endlich angekommen war? Wieso ausgerechnet er?

Als ich Rafael davon erzählte, sagte ich noch: „Nie wieder einen Senior auf Pflege. Das tut zu weh." Und Rafael sah mich an und sagte: „Aber ohne dich wäre Odie im Tierheim gestorben. Schmerzvoll. Ohne Zuhause. Seine Zeit war kurz, aber schön. Dank dir." Er hatte recht. Sosehr es schmerzte, das kurze, schöne Leben, das wir Odie ermöglichen konnten, war es wert. Der Schmerz war es wert. Genau das ist Tierschutz. Nicht nur die hellen Seiten. Sondern auch die Entscheidung, bewusst Abschiede, Verlust und Trauer in Kauf zu nehmen, damit ein anderes Wesen endlich Frieden finden darf.

Du musst nicht alles tun. Aber du kannst etwas tun

Wenn du dich für Tierschutz interessierst, dann lass dir eins sagen: Du musst nicht alles auf einmal können, und es ist vollkommen in Ordnung, wenn du deine eigenen Grenzen kennst. Vielleicht merkst du, dass du (noch) nicht bereit bist, eine regelmäßige Pflegestelle zu werden, und das ist okay! Tierschutz bedeutet auch, dass du ehrlich zu dir selbst bist und deine Stärken erkennst.

Pflegestelle zu sein, klingt im ersten Moment oft einfach: Man nimmt einen Hund auf Zeit bei sich auf, kümmert sich ein bisschen um ihn und bringt ihn dann ins neue Zuhause. Doch die Realität ist deutlich vielschichtiger und emotional fordernder. Als Pflegestelle bist du oft der erste sichere Hafen für ein Tier, das vielleicht noch nie in seinem Leben Liebe, Ruhe und Geborgenheit erfahren hat. Du hilfst ihm, zur Ruhe zu kommen, Vertrauen aufzubauen, eventuell stubenrein zu werden, einen geregelten Alltagsablauf kennenzulernen, Ängste zu verlieren und sich zu öffnen. Du begleitest tierärztliche Untersuchungen, dokumentierst Fortschritte, kommunizierst mit dem Tierschutzverein und hilfst bei der Auswahl des passenden Zuhauses mit. Und manchmal musst du ganz pragmatisch mit Rückschlägen und Herausforderungen umgehen. Ein Hund, der bellt, knurrt, nichts frisst oder nicht allein bleiben kann. Und ja – du musst auch loslassen können. Auch wenn du dich verliebst. Auch wenn der Abschied wehtut. Pflegestelle zu sein, bedeutet, Verantwortung auf Zeit zu übernehmen. Aber mit Einfluss, der für immer bleibt. Wenn du dich also (noch) nicht dazu bereit fühlst, ist das kein Scheitern. Es ist Selbstkenntnis. Und genau die braucht der Tierschutz auch.

Vielleicht ist deine Stärke eine ganz andere – und das ist großartig. Tierschutz ist ein Puzzle aus vielen Teilen, und jeder Teil ist wichtig. Vielleicht liegt dein Beitrag …

… im Gassigehen im Tierheim

Gerade in städtischen Tierheimen gibt es viele Hunde, die tagelang in ihren Zwingern sitzen. Ohne Bewegung, ohne Kontakt zur Außenwelt. Wenn du regelmäßig mit ihnen spazieren gehst, ermöglichst du ihnen nicht nur körperliche Auslastung, sondern vor allem einen kurzen Moment der Freiheit. Ich erinnere mich an eine Gassigeherin aus dem Tierheim Köln-Zollstock, die jede Woche denselben Rüden ausführte und die wir im Volksgarten gleich neben dem Tierheim auf unseren Gassirunden mit Mojo trafen. Dieser Rüde wollte anfangs weder laufen noch Vertrauen fassen. Nach Monaten erkannte er sie schon am Tor, wedelte und lief freiwillig mit. Kleine Schritte, große Wirkung.

... in der Unterstützung vor Ort

Ob Zwinger reinigen, Decken waschen, Futter sortieren oder einfach da sein, wenn Notfälle ankommen – helfende Hände sind überall gefragt. Bei einem Auslandseinsatz in Portugal durfte ich einmal dabei sein, als ein Transporter mit frisch geretteten Hunden ankam. Insgesamt 16 Hunde unterschiedlicher Größen, unterschiedlichsten Alters, aber alle hatten sie etwas gemeinsam: Sie waren verängstigt, verunsichert. Niemand hatte damit gerechnet, dass sie so schwach und scheu waren. Zwei helfende Hände reichten nicht – aber zehn waren da und konnten mit anpacken.

... im kreativen Bereich, zum Beispiel mit Social Media

Oft suchen Tierschutzorganisationen Unterstützung beim Posten von Notfällen, dem Pflegen von Seiten oder dem Erstellen von Reels und Storys. Und was auf den ersten Blick nach banalem „Content“ aussieht, kann im besten Fall Leben retten. Ein gutes Beispiel ist die Story, mit der wir damals unsere Pflegehündin Letty vorgestellt haben. Wir zeigten sie – schüchtern, zart und mit einem Blick, der direkt ins Herz ging – und berichteten darüber, dass nicht nur sie, sondern auch ihre Geschwister dringend eine Pflegestelle brauchten. Es war kein aufwendig produzierter Beitrag, sondern einfach ein authentischer Einblick in ihr kleines Leben. Die Resonanz war überwältigend: Letty fand nicht nur ihr endgültiges Zuhause, auch für all ihre Geschwister meldeten sich innerhalb weniger Tage Pflegestellen. Manchmal braucht es nicht mehr als ein paar ehrliche Worte, ein Bild zur richtigen Zeit und den Mut, es zu teilen.

... im Schreiben von Vermittlungstexten

Glaub mir: Das ist eine Kunst für sich. Denn wie fasst man das Wesen eines Hundes in Worte, ohne zu beschönigen, aber auch ohne abzuschrecken? Wie schreibt man emotional und doch sachlich, was für ein Wesen da gerade auf der Suche nach einem Zuhause ist? Ein Vermittlungstext ist viel mehr als eine Aneinanderreihung von Eigenschaften. Er ist ein Fenster in das Herz des Hundes und eine Brücke zu dem Menschen, der genau ihn oder sie sucht. Ich habe über die Jahre unzählige Texte über Pflegehunde verfasst und immer wieder gemerkt, wie entscheidend Worte sein können. „Als wir den Text gelesen haben, wussten wir: Dieser Hund passt zu uns. Die Beschreibung seiner ruhigen Art, seine Unsicherheiten und dass er keinen Trubel mag – das fühlte sich an wie unser Alltag. Es war, als ob der Text uns gespiegelt hat", schrieb mir vor einiger Zeit ein Paar nach einer glücklichen Adoption. Genau darum geht es: nicht um perfekte Phrasen, nicht um Übertreibungen oder rosarote Brillen. Sondern um authentische Worte, die mitfühlen lassen, was den Hund ausmacht. Die geradeheraus sagen, worauf man sich einlässt. Aber auch, warum es sich lohnt. Worte, die nicht verkaufen wollen, sondern verbinden.

... im Fotografieren

Ein gutes Foto entscheidet oft darüber, ob jemand Interesse zeigt oder einfach weiterscrollt. Und keine Sorge: Du musst dafür kein Profi sein. Du brauchst nicht einmal eine teure Kamera. Ein Smartphone reicht völlig aus, wenn du ein bisschen auf Licht, Perspektive und den richtigen Moment achtest. Viel wichtiger als die perfekte Technik ist der Blick fürs Wesentliche: für das Leuchten in den Augen, die Körpersprache, den Ausdruck. Manchmal ist es dieser eine Moment, wenn ein Hund kurz aus dem Zwinger schaut, mit gespitzten Ohren, einem neugierigen Blick oder vorsichtiger Zurückhaltung. Genau so ein Augenblick kann berühren, hängen bleiben, nachwirken. Und Fotos sind nicht nur „schön", sie helfen auch dabei, wichtige Infos zu vermitteln: Größe, Körperbau, aber auch das Auftreten des Hundes, seine Art, sich zu bewegen oder zu schauen. Besonders Videos geben einen echten ersten Eindruck: Wie läuft der Hund? Ist er stürmisch, vorsichtig, fröhlich, verspielt? Für mich persönlich ist das Fotografieren und Filmen eine meiner liebsten Aufgaben im Tierheim. Denn dabei schaue ich ganz genau hin. Ich beobachte, wie der Hund agiert, wie er auf Menschen reagiert, wo er zögert, wann er aufblüht. Ich entdecke Nuancen in seinem Wesen, ganz nebenbei, die ich später für Vermittlungstexte nutzen kann. Diese Nähe und Aufmerksamkeit schaffen Verbindung. Und oft ist es genau das, was die zukünftige Familie beim Anschauen der Bilder spürt.

... im Organisieren von Vorkontrollen

Vorkontrollen sind ein entscheidender Bestandteil im Tierschutz und alles andere als trocken. Sie sind das Bindeglied zwischen Hoffnung und Zuhause, zwischen Vergangenheit und Neuanfang. Als jemand, der Vorkontrollen übernimmt, bist du oft der erste persönliche Kontakt zur neuen Familie – du gibst dem Tierschutz ein Gesicht. Du klingelst an Türen, trittst in fremde Wohnzimmer, hörst zu, stellst Fragen und fühlst zwischen den Zeilen. Du bekommst ein Gefühl dafür, ob die Menschen wirklich bereit sind, Verantwortung zu übernehmen. Ob sie wissen, worauf sie sich einlassen. Ob sie Geduld haben, auch wenn es nicht sofort „perfekt" läuft. Du achtest nicht nur auf die Wohnsituation, sondern auch auf das Miteinander. Wie reden sie über den Hund? Sind sie offen für Ratschläge, bereit, sich auf die individuellen Bedürfnisse einzulassen? Ich erinnere mich an eine Vorkontrolle, bei der ich spürte: Diese Familie hatte sich nicht einfach „in ein Bild verliebt". Sie hatten sich informiert, waren vorbereitet, hatten sogar Listen angelegt mit Fragen, und sie waren offen, neugierig, nicht besserwisserisch. Ich wusste: Hier wird ein Hund nicht nur aufgenommen, sondern wirklich gesehen. Manchmal braucht es Feingefühl, vor allem, wenn Zweifel aufkommen. Es geht nie darum, jemanden zu verurteilen – sondern ehrlich zu hinterfragen, ob Hund und Mensch wirklich zusammenpassen. Und manchmal entscheidet deine Einschätzung darüber, ob ein Hund in ein stabiles Leben startet oder in wenigen Wochen zurückkommt, weil die Chemie nicht stimmte. Vorkontrollen sind Verantwortung, aber auch unglaublich bereichernd. Du begleitest einen der wichtigsten Schritte auf dem Weg in ein neues Leben.

... in der Büroarbeit

Schutzverträge, Transportpapiere, Spendenquittungen, Pflegestellenbögen, Excel-Listen, E-Mail-Verkehr – vielleicht nicht gerade das, was man sich unter „klassischem Tierschutz" vorstellt.

Aber ohne all das läuft nichts. Denn jede Spende muss verbucht und quittiert werden. Jeder Transporthund braucht gültige Einreisepapiere und jede Vermittlung einen rechtlich sauberen Schutzvertrag. Also ein rechtlich bindendes Dokument, in dem festgehalten ist, unter welchen Bedingungen das Tier vermittelt wird: Dazu gehören unter anderem die Pflicht zur artgerechten Haltung, mögliche Rücknahmevereinbarungen sowie die Vereinbarung zur Nachkontrolle. So wird das Wohl des Tieres auch nach der Vermittlung gesichert. All das benötigt Menschen, die den Überblick behalten, Ordnung schaffen, Fristen im Auge haben und oft auch dann noch Mails beantworten, wenn andere schon schlafen. Ich erinnere mich an eine Bekannte, die anfangs traurig war, weil sie nicht regelmäßig ins Tierheim fahren konnte. Sie hatte Familie, einen Vollzeitjob und wenig Zeit. Aber sie war strukturiert, organisiert und hatte Freude an Excel. Also half sie bei der Pflegestellenverwaltung: Welche Hunde sind wo? Wann wurden sie aufgenommen? Wann ist eine Nachkontrolle fällig? Wer übernimmt was? Sie hatte ihre Listen perfekt im Griff, und genau diese Arbeit hat es ermöglicht, dass unsere Vermittlungen nicht im Chaos versinken. Sie sagte einmal: „Ich sehe die Hunde zwar selten, aber ich weiß, dass ich ihnen trotzdem helfe."

... indem du Geld oder Sachen spendest

Ein einfacher und wirkungsvoller Start kann es sein, regelmäßig zu spenden: Das muss auch nicht immer in Form eines festen Geldbetrags geschehen. Du kannst beispielsweise eine Futterpatenschaft übernehmen und dafür sorgen, dass die Hunde jeden Monat zuverlässig mit Futter versorgt werden. Oder du engagierst dich in einer Tierpatenschaft, bei der du dafür sorgst, dass ein Hund regelmäßig die nötige medizinische Versorgung, Medikamente oder Spezialfutter erhält.

Die blinde Seniorin Olivera ist genau so eine Patenhündin. Wer sich an unsere große Rettungsaktion im Rahmen der „Heldenreise" im September 2023 erinnert, von der wir euch später im Buch noch etwas ausführlicher erzählen werden, kennt vielleicht ihre Geschichte: Olivera konnte nicht sofort mitgenommen werden, doch wir vergaßen sie nicht. In Zusammenarbeit mit Teresa holten wir sie später aus einem staatlichen Tierheim, in dem sie mit schwerer Leishmaniose, Anämie und schmerzhafter Gelenkproblematik lebte – einsam, verängstigt und mit dem Schicksal, bald eingeschläfert zu werden. Teresa nahm sie auf die Farm, behandelte sie liebevoll und begann sofort mit der notwendigen Therapie für die Hündin. Heute lebt Olivera im Haus von Teresa, reagiert auf ihre Stimme, genießt erste Kuscheleinheiten – ein Wunder, das nur möglich war, weil Menschen bereit waren, eine Patenschaft zu übernehmen.

Auch Sachspenden spielen eine entscheidende Rolle: Oft fehlt es an den einfachsten Dingen, und doch machen genau diese einen riesigen Unterschied. Spezialfutter für empfindliche Hunde wie Olivera, die durch ihre Leishmaniose-Erkrankung purinarm ernährt werden muss, also ohne Lebensmittel, die beim Abbau zu viel Harnsäure bilden und dadurch die Nieren belasten. Kuschelige Decken, die den harten Betonboden ein wenig weicher machen. Spielzeug, das den Welpen und Junghunden ein Stück Normalität und Freude schenkt. Funktionierende Leinen und Halsbänder, damit Spaziergänge überhaupt möglich sind. Jede einzelne dieser Spenden trägt dazu bei, den Alltag der Hunde erträglicher zu machen.

… oder zahlendes Mitglied eines Vereins wirst

Mit deinem Jahresbeitrag unterstützt du die laufenden Projekte und trägst dazu bei, dass wichtige Initiativen dauerhaft bestehen können. Darüber hinaus bleibst du über Newsletter oder Mitgliederversammlungen immer auf dem Laufenden, erhältst exklusive Einblicke in die Arbeit des Vereins und wirst Teil einer engagierten Gemeinschaft, die dieselben Werte teilt. In manchen Fällen hast du sogar Mitspracherecht bei Entscheidungen – zum Beispiel bei der Verwendung von Spendengeldern oder bei der Aufnahme neuer Projekte. Eine Mitgliedschaft stärkt also nicht nur den Verein, sondern gibt auch dir die Möglichkeit, aktiv mitzugestalten.

Jede dieser Aufgaben ist wichtig. Und jede dieser Aufgaben verändert etwas. Du musst kein Gesicht in der Öffentlichkeit sein, kein Influencer, kein Dauerhelfer. Du darfst genau das geben, was du geben kannst, und das ist genug.

Was das in der Realität bedeutet, erlebe ich immer wieder. Viele berichten mir, wie sich ihr Blick auf den Tierschutz verändert hat: Sie engagieren sich nicht nur als Pflegestellen, sondern setzen sich auch in Tierheimen vor Ort ein oder starten eigene Projekte, um Hunden in Not zu helfen. Andere erzählen, dass sie durch unsere Beiträge endlich den Mut fanden, selbst aktiv zu werden – sei es durch erste Gassigänge oder die Organisation von Spendenaktionen. Manche berichten sogar von bewegenden Momenten auf Reisen, bei denen sie nicht mehr wegsehen konnten. Wie im Sommer 2024, als Al Berto die Wege einer Familie im Urlaub kreuzte.

Ein Urlaub rettet Leben – Al Bertos zweite Chance

Er tauchte auf dem Gelände einer Ferienwohnung auf, offensichtlich mit einem gebrochenen Bein. Die Urlauber fütterten ihn, gaben ihm Wasser und beobachteten ihn mehrere Tage lang, in der Hoffnung, dass vielleicht doch ein Besitzer auftauchte. Aber es kam niemand. Als sie sicher waren, dass er auf sich allein gestellt war, fassten sie sich ein Herz und schrieben mir auf meinem Instagram-Account @verpinscht. Ich kontaktierte daraufhin Teresa, die, wie so oft, sofort ihre Hilfe zusicherte. Und die Urlauber? Die machten keine halben Sachen. Sie fingen Al Berto ein, versorgten ihn so gut sie konnten und brachten ihn persönlich zu Teresa ins Tierheim. Heute, nur acht Monate später, ist Al Berto vollständig gesund gepflegt – dank seiner Medizinpaten – und sein Bein gut verheilt. Bei einem Besuch auf der Pfötchenfarm im September 2024 konnte ich mir einen eigenen Eindruck von Al Berto machen: Ich erkannte den verwahrlosten, dürren Hund von den Fotos aus dem Hilferuf nicht mehr. Sein Fell war schön nachgewachsen, seine Rippen und Beckenknochen waren nicht mehr zu sehen, er machte einen fröhlichen, gesunden Eindruck. Lebenslustig lief er im Gehege herum, als wäre nie etwas gewesen. Mittlerweile lebt er bei einer liebevollen Familie in Deutschland. Er wird geliebt, umsorgt und hat endlich ein Zuhause. All das, weil ein paar Menschen im Urlaub hingesehen haben. Weil sie sich nicht abgewandt, sondern gehandelt haben. Diese Berichte motivieren mich ungemein, denn sie zeigen: Tierschutz ist keine Frage von Größe oder Reichweite. Jede Entscheidung, jedes Handeln im Kleinen hat Wirkung. Und oft reicht schon ein einziger Impuls, um das Leben eines

Tieres komplett zu verändern. Wenn du also das Gefühl hast, dass du einen Schritt machen möchtest, dann geh ihn. Konzentriere dich auf das Positive: auf die Freude, die du erlebst, wenn ein geretteter Hund endlich in sein Für-immer-Zuhause findet, oder auf das Glück, das du empfindest, wenn du siehst, wie ein kranker Hund, den du betreut hast, endlich gesund und glücklich wird.

Tierschutz ist keine Einheitsaufgabe, es ist ein Mosaik aus vielen verschiedenen Rollen, in denen jeder etwas beitragen kann. Jeder Beitrag, egal wie er ausfällt, hilft dabei, das Leben der Tiere zu verbessern. Auch wenn manche Aufgaben emotional herausfordernd sind, erinnere dich daran, dass du mit deiner Hilfe den Kreislauf des Leidens durchbrichst und Hoffnung schenkst. Letztlich ist Tierschutz das, was du daraus machst. Es geht nicht darum, in Konkurrenz zu anderen zu treten, sondern gemeinsam eine Welt zu schaffen, in der jedes Tier die Chance auf ein artgerechtes und glückliches Leben hat. Jeder Beitrag – ob sichtbar oder still im Hintergrund – ist ein Puzzleteil auf dem Weg dorthin. Und genau darum geht es: nicht um Perfektion oder Titel, sondern um Haltung.

Sowieso ist Qualifikation im Tierschutz selten etwas, das man auf dem Papier nachweisen kann. Vielmehr ist sie das Ergebnis einer stetigen Reise, getragen von Neugier, dem Wunsch zu lernen und dem ehrlichen Willen, Tieren zu helfen. Es geht nicht darum, sofort alle Antworten zu kennen. Ganz im Gegenteil: Im Tierschutz wachsen wir mit jeder Begegnung, mit jedem Hund, mit jeder Herausforderung. Es ist ein Weg, den man nicht mit einem Abschluss beginnt, sondern mit einem offenen Herzen. Wenn du dich manchmal fragst, ob du „gut genug“ bist, ob du alles richtig machst oder überhaupt bereit bist, dann bist du schon mittendrin – denn genau diese Frage stellen sich alle, die Verantwortung ernst nehmen. Auch ich wurde nicht als Pflegehunde-Profi geboren. Ich werde oft gefragt, wie ich gelernt habe, so sicher und einfühlsam mit den unterschiedlichsten Hunden umzugehen – ob ich vielleicht Hundetrainerin bin. Aber nein, das bin ich nicht. Ich habe nie eine klassische Ausbildung gemacht. Was ich weiß, habe ich durch Erfahrung gelernt: durch Beobachten, Ausprobieren, Fehler machen, Wiederholen. Durch Gespräche mit anderen Engagierten, durch die Momente, in denen nichts nach Plan lief, und durch all die Hunde, die mir gezeigt haben, was sie brauchen.

Fuchur und seine (un)endliche Geschichte

Ein Beispiel, das mir besonders am Herzen liegt, ist die Geschichte von Fuchur: Er war der erste Hund, den wir aus Teresas Obhut als sogenannten „Langzeitinsassen" bei uns aufnahmen – ein scheuer, schneeweißer Podenco, der lange auf seine Chance gewartet hatte. Auf der Pfötchenfarm gibt es Hunde, die schon viele Jahre dort leben, ohne jemals eine Anfrage zu bekommen. Manchmal helfen selbst neue Fotos, bewegende Videos oder ausführliche Texte nicht. Sie werden einfach übersehen. Fuchur war einer von ihnen.

Er kam als Welpe mit seiner Mutter zu Teresa. Während seine Mutter bald vermittelt wurde, blieb Fuchur zurück. Er wuchs auf der Pfötchenfarm auf, und das bedeutete: vier Jahre ohne feste Bezugsperson, vier Jahre ohne Familie. Er war scheu, zurückhaltend und ließ sich kaum anfassen. Kein lauter, kein fordernder Hund. Einer, der in der Gruppe einfach unterging. Und genau das war es, was mich berührte. Diese stille, sanfte Art. Ich hatte bereits einige Pflegehunde begleitet, aber bei Fuchur wusste ich: Das wird anders. Und ehrlich – ich hatte Angst. Aber ich wollte diese Erfahrung machen, ich wollte wissen, wie es ist, mit einem „schwierigen“ Hund zu arbeiten. Und ich wollte Fuchur endlich die reale Chance auf ein Zuhause geben.

Als der Transporter ankam, lief alles anders als sonst. Normalerweise bringt uns eine helfende Hand die Hunde, oder sie kommen selbst heraus. Aber Fuchur wollte sich keinen Zentimeter bewegen. Er hatte Todesangst. Wir warteten, bis alle Adoptant:innen ihre Hunde abgeholt hatten – dann war es ganz still. Ich stieg in den Transporter, suchte die letzte besetzte Box, und da saß er. Er presste sich an die Wand, zitterte, starrte mich nicht einmal an. Ich brauchte Geduld, zog ihm langsam das Sicherheitsgeschirr an, befestigte die Leinen. Dann zog ich ihn vorsichtig aus der Box und hob ihn, so gut ich konnte, aus dem Transporter.

Zu Hause angekommen, trug Rafael Fuchur ins Haus. Wir ließen ihn ganz in Ruhe. Wie versteinert stand er in der Ecke, direkt an der Haustür. Und dann, zum ersten Mal seit 2.000 Kilometern Reise, löste er sich. Genau dort. Für viele wäre das vielleicht ein „Malheur“ – für mich war es ein Zeichen: Fuchur fühlte sich sicher genug, um loszulassen. Nach diesem ersten Moment begann Fuchur, sich vorsichtig zu bewegen. Er erkundete unsere vier Wände, fand die Hundebox, die ich immer für die Pflegehunde vorbereitete – weich ausgelegt, mit einer Decke darüber, ein sicherer Rückzugsort. Und genau dorthin legte er sich. Freiwillig. Das war ein riesiger Schritt.

Ich stellte ihm Futter und Wasser hin. Das Futter? In Sekunden weg. Wir servieren immer besonders leckeres Nassfutter –

unser kleines Willkommensgeschenk für neue Freunde. Und was soll ich sagen? Der Pipiunfall an der Tür blieb sein einziger. Fuchur war von da an stubenrein. Mit der Zeit wurde er sicherer, machte große Fortschritte und zeigte uns, dass unter seiner Angst ein ganz normaler Hund steckte, der einfach nie die Chance bekommen hatte, das Leben kennenzulernen. Heute lebt Fuchur bei zwei wunderbaren Menschen und einem souveränen Hundekumpel, der ihm die Welt zeigt. Seinen Namen trägt er übrigens wegen seines schneeweißen, zotteligen Fells und dem drachenähnlichen Bart – wie der Glücksdrache aus der Unendlichen Geschichte. Und seine eigene unendliche Geschichte? Die hat endlich ein gutes Ende gefunden.

Fuchur hat in mir etwas angestoßen, das bis heute nachwirkt. Durch ihn habe ich gelernt, was Geduld wirklich bedeutet. Dass Vertrauen nicht eingefordert, sondern verdient wird. Und dass selbst die stillsten Hunde eine Stimme haben, wenn man nur genau genug hinhört. Seine Entwicklung hat mir gezeigt, wie viel Potenzial in einem Hund steckt, den viele längst aufgegeben haben, einfach weil sie ihn nie richtig gesehen haben. Fuchur war der Anfang. Er hat den Stein ins Rollen gebracht und mir den Mut gegeben, mich immer wieder auf genau diese Hunde einzulassen: die unsichtbaren, die ängstlichen, die Langzeitinsassen. Mit den Jahren folgten Seniorin Yuki, das Duo Coco und Nut, Hütehundmischling Kenai, die ehemals beschlagnahmte Susi und die ängstliche strubbelige Galia – alles Hunde, die übersehen wurden und bei uns eine echte Chance bekommen haben. Durch die tägliche Arbeit mit so unterschiedlichen Persönlichkeiten, von traumatisierten

Straßenhunden bis zu älteren, pflegebedürftigen Tieren, durfte ich unzählige Erfahrungen sammeln. Erfahrungen, die mich bis heute prägen. Jeder Tag auf der Pfötchenfarm bei Teresa, bei Rettungsaktionen und als Pflegestelle hat mir gezeigt, wie vielfältig die Bedürfnisse der Hunde sind und wie man am besten darauf eingehen kann. Dieser Erfahrungsschatz ist der Grundstein meiner Arbeit und lässt mich die Tiere verstehen.

Daher ist ein erster und in meinen Augen der wichtigste Schritt, das direkte Engagement vor Ort, ein Grundbaustein dafür, ein Gefühl für die Arbeit im Tierschutz zu bekommen. Die Arbeit im Tierheim vermittelt wirklich wertvolles Wissen und gibt noch mal einen ganz anderen Einblick in Arbeitsabläufe, die man sonst niemals zu greifen bekommen würde – vom Erkennen von Verletzungen und Krankheiten bis hin zur feinen Körpersprache der Hunde. Aber auch der Austausch mit erfahrenen Tierschützern ist sehr wichtig: Durch Gespräche und die gemeinsame Arbeit lernt man, Herausforderungen zu meistern und individuelle Lösungsansätze zu entwickeln. Es ist wichtig zu erkennen, dass jeder, der im Tierschutz aktiv wird, seinen eigenen Weg findet und dass praktische Erfahrungen oft sehr wertvolles Wissen bieten.

Sprachrohr für Tiere sein

Wie weiter oben im Text bereits beschrieben, gibt es viele Möglichkeiten, sich im Tierschutz zu engagieren – ob durch Patenschaften, Spenden oder die aktive Hilfe vor Ort. An dieser Stelle möchte ich noch einmal gezielt auf die Bereiche eingehen, in denen ich selbst seit Jahren tätig bin und die oft unterschätzt werden – darunter auch die Rolle von Social Media, die sich als echtes Sprachrohr für die Tiere erwiesen hat. Viele

Tierschutzvereine stoßen personell oder zeitlich an ihre Grenzen, vor allem, wenn es um die kontinuierliche Arbeit in den sozialen Medien geht. Dabei ist genau das heute wichtiger denn je: Informationen müssen schnell, präzise und emotional verbreitet werden, um Hilfe in Notlagen zu mobilisieren, Vermittlungschancen zu erhöhen oder einfach nur sichtbar zu machen, was oft im Verborgenen geschieht. Hier kommst du ins Spiel: Wenn du dich mit Social Media auskennst und Freude daran hast, Inhalte zu erstellen und zu teilen, kannst du wertvolle Unterstützung leisten. Ob durch das Pflegen von Instagram- oder Facebook-Profilen, das Verfassen von Blogartikeln oder das Schneiden kleiner Reels, deine Beiträge können Leben verändern. Denn: Mit Bildern, Texten und Videos erzählst du nicht nur Geschichten, du gibst Hunden ein Gesicht, eine Stimme und vielleicht sogar ein Zuhause.

Ich selbst betreue beispielsweise zwei- bis dreimal pro Woche den Instagram-Kanal @tino.ev, den offiziellen Account unseres Partnervereins. In diesen Tagen plane ich regelmäßig rund sechs Beiträge und Story-Segmente – von Vorstellungsposts einzelner Hunde in der Vermittlung über Updates aus dem Tierheim bis hin zu Pflegestellenaufrufen, Transportankünften (sogenannte „Trapo-Ankünfte") in Deutschland oder bewegenden Einblicken hinter die Kulissen. Dabei geht es nicht nur um schöne Bilder, sondern um gezielte Kommunikation, Reichweitenaufbau und die Aktivierung einer Community, die bereit ist zu helfen.

Ein eindrucksvolles Beispiel für die Wirksamkeit dieses Engagements war die Hochwassersituation in Portugal: Als die Pfötchenfarm im Dezember 2022 unter Wasser stand, das Futter dadurch schimmelte und unbrauchbar wurde, die Hunde unter Kälte und Nässe litten, konnten wir über unseren Social-Media-Kanal schnell die nötige Aufmerksamkeit generieren. Dank der großartigen Unterstützung der Community haben wir damals über 100.000 Euro für den Rückbau des Tierheims sammeln können und damit in einer akuten Notlage geholfen.

Pflegestelle sein

Seit 2020 sind Rafael und ich als Pflegestelle aktiv und haben dabei viele unterschiedliche Hunde begleitet – von akuten Notfällen bis hin zu chancenlosen Seelen, denen wir eine neue Perspektive schenken konnten. Diese Zeit hat uns nicht nur fachlich, sondern auch persönlich geprägt. Du lernst als Pflegestelle nicht nur unfassbar viel über Hunde im Allgemeinen. Du lernst vor allem dich selbst neu kennen. Denn wer einmal einem Pflegehund die Tür öffnet, öffnet oft auch dem eigenen Herzen ganz neue Perspektiven. Viele von uns haben eine bestimmte Vorstellung davon, wie der „perfekte Hund" aussieht oder sich verhält. Freundlich, unkompliziert, nicht haarend, passt farblich zum Sofa. Und dann kommt da plötzlich dieser wuschelige, zottelige, scheinbar unpassende Vierbeiner, den man vielleicht nie bewusst ausgesucht hätte – und zack, ist man hin und weg. Man nimmt vielleicht einen Hund zur Pflege auf, der einem auf Fotos nie so recht aufgefallen ist, der optisch so gar nicht den persönlichen Geschmack trifft oder bei dem man denkt: „Der passt bestimmt besser zu jemand anderem." Und dann lebt genau dieser Hund ein paar Tage bei dir, du lernst seine leisen Seiten kennen, seine Eigenheiten, seinen Humor, und plötzlich ertappst du dich bei dem Gedanken: „Wenn du jetzt niemanden findest, bleibst du einfach hier. Für immer." Ich spreche da aus eigener Erfahrung: Ich selbst fand wuschelige, drahthaarige Hunde immer ... sagen wir mal ... semi. Fellpflege war nie mein Ding – wieso auch? Ich lebe mit drei kurzhaarigen Hunden zusammen, die man mit einem feuchten Lappen sauber bekommt. Und dann kamen sie: ein Wuschel nach dem anderen. Pflegehund Nummer eins, zwei, drei ... und plötzlich stand ich mit Striegel, Trimmmesser und einem Youtube-Tutorial da, als wäre ich direkt vom Hundefriseurkongress zurückgekehrt. Heute bin ich fast Profi im Trimmen, erkenne Trimmfell auf 100 Meter Entfernung – und finde drahthaarige Hunde plötzlich richtig cool. Ehrlich: Früher optisch mein Albtraum, heute absolute Traumhunde. Und das ist das Schöne am Pflegestellensein: Du lernst, wie vielseitig Hunde sind. Nicht nur in ihrer Optik, sondern auch in ihrem Wesen. Du entdeckst ganz neue Fakten der Hundesprache, entwickelst ein Gespür dafür, welcher Hund wirklich zu dir passt (Spoiler: das ist manchmal ein ganz anderer als du dachtest!). Und wirst überrascht sein, wie sehr sich Vorurteile oder Geschmäcker verändern können, wenn man einem Hund eine Chance gibt. Pflegestelle zu sein, bedeutet, sich einzulassen. Auf Charakter statt auf Optik. Auf Entwicklung statt auf Perfektion. Und auf die Magie, die entsteht, wenn man loslässt, was man dachte zu wollen, und stattdessen genau den Hund kennenlernt, den man gebraucht hat. Der Mehrwert einer Pflegestelle liegt aber nicht nur in der Verbesserung des Lebens eines einzelnen Tieres, sie entlastet auch Tierheime. Jeder Hund, den du bei dir aufnimmst, schafft Platz für einen weiteren Hund, der dringend gerettet werden muss. Im Ausland, so wie bei Teresa auf ihrer Pfötchenfarm in Portugal, bedeutet jeder frei gewordene Platz eine Chance, einem Hund in Not zu helfen. So wird das System als Ganzes gestärkt und immer mehr Hunden der Weg in ein liebevolles Zuhause geebnet. Und wenn du darüber nachdenkst, ob das Hundehalterdasein zu dir passt, ist das Ehrenamt als Pflegestelle eine wunderbare Möglichkeit, den Alltag mit einem Hund kennenzulernen. Ohne gleich eine langjährige Verpflichtung einzugehen. Quasi wie ein Test, der dir zeigt, was du leisten kannst und wo deine Grenzen liegen. Und selbst wenn du irgendwann merkst, dass du nicht den idealen Lebensraum für einen Hund bieten kannst, hast du dennoch etwas ungemein Wertvolles geleistet. Du hast einem Hund geholfen, sich von seinen bisherigen Umständen zu erholen, und dabei wertvolle Erfahrungen gesammelt, die dir auch in anderen Lebensbereichen zugutekommen könnten. Über Geduld, Vertrauen, das Loslassen und darüber, wie viel man selbst wachsen kann, wenn man Verantwortung für ein anderes Leben übernimmt. Wenn du diese Reise antreten möchtest, kannst du dir sicher sein: Es gibt so viele Wege, sich einzubringen, und jeder von ihnen ist ein Gewinn. Für die Hunde und für dich selbst.

Wenn du jetzt spürst, dass du etwas beitragen möchtest, aber noch nicht genau weißt, wo und wie du anfangen kannst, dann nimm dir einen Moment Zeit. Schau, was zu dir, deinem Alltag und deinen Ressourcen passt. Vielleicht bist du eher der stille Unterstützer im Hintergrund, der lieber organisiert und vernetzt. Vielleicht bist du die emotionale Kraft, die mit offenen Armen Hunde empfängt, aufpäppelt und wieder loslassen kann. Vielleicht hast du kein Tierheim in der Nähe, aber einen Instagram-Account mit Reichweite, über den du aufklären kannst.

Es gibt keinen „richtigen“ oder „falschen“ Einstieg in den Tierschutz. Es gibt nur deinen. Frag dich ganz ehrlich: Was möchte und kann ich tun?

Hier ist eine kleine Checkliste, die dir helfen kann, deinen eigenen Weg im Tierschutz zu finden. Ganz ohne Druck, sondern mit Herz und Verstand:

- **Ich kann teilen** – Beiträge über Hunde in Not, Aufrufe für Pflegestellen oder Spendenaktionen in meinen Storys oder mit meinem Freundeskreis teilen.

- **Ich kann lernen** – Bücher lesen, Podcasts hören, erfahrenen Menschen aus dem Tierschutz zuhören und verstehen, was hinter den Kulissen passiert.

- **Ich kann aufklären** – im Gespräch mit Bekannten, am Gartenzaun oder auf Social Media. Viele Menschen handeln erst, wenn sie wissen, was los ist.

- **Ich kann aufmerksam sein** – Tiere in meinem Umfeld schützen, Missstände melden und niemals wegsehen.

- **Ich kann spenden** – sei es ein monatlicher Betrag, eine Futterpatenschaft oder eine einmalige Unterstützung in einer Notsituation. Jeder Euro hilft.

- **Ich kann Vereinssupport bieten** – durch eine Mitgliedschaft oder aktive Mitarbeit helfe ich dabei, Projekte langfristig zu sichern.

- **Ich kann Zeit schenken** – im Tierheim Gassi gehen, bei Transporten helfen, bei Events mit anpacken oder administrative Aufgaben übernehmen.

- **Ich kann mich digital engagieren** – Texte schreiben, Social-Media-Posts erstellen oder einfach helfen, Sichtbarkeit zu schaffen.

- **Ich kann Pflegestelle werden** – und einem Hund eine Brücke in sein neues Leben bauen. Vielleicht ist das mein Weg, vielleicht auch nicht, aber ich darf es ausprobieren.

- **Ich kann nur helfen, wenn es mir selbst gut geht** – deshalb gehört auch Selbstfürsorge zum Tierschutz dazu. Wer ständig über die eigenen Grenzen geht, brennt aus und kann auf Dauer weder für Tiere noch für Menschen eine echte Hilfe sein. Pausen, Abgrenzung und das Bewusstsein, nicht alles allein schaffen zu müssen, sind keine Schwäche, sondern eine Voraussetzung für nachhaltiges Engagement. Und manchmal bedeutet Selbstfürsorge auch einfach, den Tierschutz-Alltag für einen Moment loszulassen und wieder in der eigenen Realität anzukommen. Auch wenn die manchmal ein bisschen verschwimmt. Neulich war ich so im Tierschutz-Modus, dass ich beim Einkaufen ganz automatisch nach „getreidefreiem Futter" gesucht habe – im Supermarkt. Für mich. Ich stand ernsthaft fünf Minuten vor dem Regal und wunderte mich, dass ich nicht fündig werde. Da wurde mir wieder klar: Selbstfürsorge heißt auch, mal was zu essen, das nicht aus dem Napf kommt. Sosehr ich auch liebe, was im Napf der Hunde landet, meine Pizza oder ein Stück Schokolade schmecken einfach besser!

4.

Wie funktioniert Tiervermittlung?

Der erste Pflegehund – Brunos großer Neuanfang

Während der Pandemie im Jahr 2020 wurden wir erstmals als Pflegestelle aktiv – ein Wendepunkt in unserem Engagement. Damals verbrachten wir, wie so viele andere, plötzlich sehr viel Zeit zu Hause: Homeoffice, geschlossene Freizeitangebote, ein entschleunigter Alltag. Statt uns von der Situation lähmen zu lassen, wollten Rafael und ich die Zeit sinnvoll nutzen und etwas tun, das nicht nur uns, sondern auch anderen helfen würde.

Als wir den Aufruf für unseren ersten Pflegehund Bruno sahen, zögerten Rafael und ich nicht lange, uns dieser Aufgabe zu widmen. Bruno, ein drei Monate alter Welpe aus Rumänien, stammte von einem Tierschutzverein, mit dem wir heute nicht mehr zusammenarbeiten. Unsere ersten Erfahrungen mit Bruno waren alles andere als ideal: Es gab keine Vorkontrolle bei uns, keinen ausführlichen Fragebogen, den wir ausfüllen sollten, keine Vorgespräche über die Aufgabe als Pflegestelle und was uns erwarten würde. Eigentlich wusste dieser Tierschutzverein nichts über uns. Nicht einmal, wo wir wohnten. Wir bekamen den Vierbeiner einfach an einer Autobahnraststätte in die Hand gedrückt – ohne Halsband, ohne die notwendigen TRACES-Papiere, nur mit einem viel zu kleinen Sicherheitsgeschirr.

Damals habe ich mir nichts dabei gedacht. Ich wollte ja helfen. Ich hatte keine bösen Absichten, nur den Wunsch, etwas Gutes zu tun. Und genau das ist der Punkt: Viele Menschen handeln im Tierschutz mit den besten Absichten, doch die ersetzen keine verantwortungsvolle Struktur. Kaum 24 Stunden nach seiner Ankunft erreichte uns eine erste Anfrage mit der Bitte des Vereins, den Hund möglichst schnell zu übergeben, es hätte sich bereits eine Familie gefunden. Aber ich bestand darauf, dass wir Bruno erst mal kennenlernen, bevor wir ihn weitervermitteln. Er sollte zur Ruhe kommen, Zeit haben, sich an die neue Umgebung zu gewöhnen. Ein Lebewesen ist schließlich kein Paket, das man nur kurz abholt und gleich weiterschickt.

Schon kurz darauf zeigte sich, wie wichtig diese Entscheidung war: Tagelang litt Bruno an blutigem Durchfall, doch trotz meiner wiederholten Bitte riet uns der Verein, nicht zum Tierarzt zu gehen, sondern einfach abzuwarten und darauf zu vertrauen, dass sich sein Zustand von selbst bessern würde. Als Pflegestelle ist es wichtig zu wissen, dass tierärztliche Besuche nur mit Genehmigung des Vereins erfolgen dürfen, andernfalls werden die Kosten nicht übernommen, sodass man privat zur Kasse gebeten wird. Anfangs dachten wir, dass es vielleicht nur eine vorübergehende Stressreaktion sei – so wie der Tierschutzverein es uns schließlich auch vermittelte –, doch bald zeigte sich, dass es weit mehr war: Der Durchfall verwandelte sich in eine anhaltende, dunkle Blutung, die uns in große Sorge versetzte. Ich erinnere mich noch genau an die schlaflosen Nächte, in denen ich unzählige Male in Brunos kleines Gesicht blickte – in der Hoffnung, dass er sich endlich erholen würde.

Nach einer Woche hielten wir es nicht mehr aus und ergriffen schließlich die Initiative. Wir fuhren mit Bruno in die nächste Tierarztpraxis, seine Behandlungskosten würden wir übernehmen – Hauptsache, ihm ging es so schnell wie möglich besser! Inmitten der bangen Ungewissheit in dieser Zeit bekundeten zahlreiche Menschen ihr Interesse an Bruno, darunter auch enge Freunde. Wir klärten sie transparent über seinen Gesundheitszustand auf: Bisher hatten wir uns lediglich um seinen blutigen Durchfall kümmern können, ohne jedoch eine umfassende tierärztliche Diagnose von der Tierklinik erhalten zu haben. Es war wichtig, dass die zukünftige Familie wusste, dass Bruno dringend einer gründlichen Untersuchung bedurfte, um im Detail festzustellen, was ihm fehlte. Die Vorstellung, Bruno in diesem ungewissen Zustand weiterzuvermitteln, war für mich besonders schmerzhaft. Alles daran fühlte sich falsch an: der Gedanke, dass ein so verletzlicher, kleiner Welpe möglicherweise an den Folgen seiner Krankheit leiden könnte, wenn er in ein neues Zuhause käme, ohne dass seine gesundheitlichen Probleme vollständig abgeklärt waren.

Ich war unendlich erleichtert und dankbar, dass sich unter den Interessenten Menschen befanden, denen wir vertrauten und die bereit waren, Bruno die notwendige tierärztliche Nachbetreuung zukommen zu lassen. Später stellte sich heraus, dass Bruno an Kokzidien erkrankt war – winzige Darmparasiten, die vor allem bei geschwächten oder jungen Tieren zu Durchfall, Bauchschmerzen und Gewichtsverlust führen können. Unbehandelt kann eine solche Infektion schnell gefährlich werden: Welpen wie Bruno drohen durch den starken Flüssigkeitsverlust zu dehydrieren, was im schlimmsten Fall lebensbedrohlich enden kann. Hätten wir einfach abgewartet, wie es der Verein geraten hatte, hätte ihn das vermutlich das Leben gekostet. Die Behandlung war langwierig und erforderte Antibiotika sowie eine besonders gründliche Hygiene im Alltag.

Diese Erfahrung hat mir noch einmal verdeutlicht, wie entscheidend verlässliche Informationen über einen Hund sind – besonders in der Vermittlung. Und wie wichtig es auf verschiedenen Ebenen ist, mit einem vertrauenswürdigen Verein zusammenzuarbeiten.

Woran erkennst du, ob ein Verein wirklich seriös arbeitet?

Gerade bei der Vielzahl an Organisationen – in Deutschland existieren mittlerweile über 1.000 Tierschutzvereine und private Organisationen – ist es nicht leicht, den Überblick zu behalten, und noch schwieriger, die guten von den weniger vertrauenswürdigen zu unterscheiden. Ähnlich unübersichtlich ist die Lage auch in Österreich und der Schweiz: Obwohl in beiden Ländern strenge gesetzliche Vorgaben für Tierschutzarbeit herrschen, gibt es auch dort Vereine, deren Vorgehen nicht immer nachvollziehbar oder fachlich fundiert ist. Deshalb lohnt es sich, genauer hinzuschauen. Egal in welchem Land man lebt. Vor allem, wenn die Thematik Tierschutz neu für dich ist und die Überlegung über die Adoption eines Tierschutzhundes ganz frisch. Aber wie unterscheidest du die Spreu vom Weizen?

Der erste und wichtigste Punkt: Achte darauf, dass es sich um einen eingetragenen und gemeinnützigen Verein handelt. Das erkennst du ganz leicht am Zusatz „e. V." am Ende des Vereinsnamens. Ein solcher Verein verfolgt keine kommerziellen Ziele, sondern setzt sich nachweislich für das Wohl der Tiere ein. Auch beim Thema Spenden wird das sichtbar: Nur gemeinnützige Vereine dürfen dir eine Spendenquittung ausstellen, mit der du deine Unterstützung steuerlich geltend machen kannst.

Ein seriöser Verein punktet mit guter Aufklärung, und das beginnt weit vor der eigentlichen Vermittlung. Denn Tierschutz bedeutet mehr, als Hunde „von A nach B" zu bringen. Wirklich verantwortungsvoller Tierschutz beginnt vor Ort: durch Kastrationsprojekte, medizinische Versorgung, feste Futterstellen und die Zusammenarbeit mit lokalen Helfenden.

Gleichzeitig klärt ein seriöser Verein auch über die strukturellen Probleme auf, die es überhaupt erst notwendig machen, dass Hunde ihr Herkunftsland verlassen müssen. Er berichtet umfassend über seine Projekte, über Rückschläge genauso wie über Erfolge. Besonders wichtig also: Ein guter Verein hat nichts zu verbergen. Das bedeutet konkret: Er beantwortet offen und ehrlich all deine Fragen zur Herkunft der Hunde, zu ihrer Vergangenheit, zu ihrem aktuellen gesundheitlichen Zustand und ihrem Verhalten. Er kennt seine Schützlinge, weil sie entweder auf Pflegestellen oder in enger Zusammenarbeit mit zuverlässigen Tierheimen im In- oder Ausland untergebracht sind. Diese Nähe ermöglicht realistische Einschätzungen, auch zu potenziellen Herausforderungen.

Nicht jeder Hund kommt als ein weißes Blatt daher. Einige haben Angst vor Männern, andere kennen kein Leben im Haus, sind nicht stubenrein oder müssen das Alleinbleiben erst mühsam lernen. Auch medizinische Themen, von alten Verletzungen über chronische Erkrankungen bis hin zu den gefürchteten Mittelmeerkrankheiten, werden klar kommuniziert. Letztere sind Krankheiten wie Leishmaniose, Ehrlichiose, Babesiose oder Dirofilariose (Herzwürmer), die durch Mücken oder Zecken in südlichen Ländern übertragen werden. Sie können lange unbemerkt bleiben, mitunter aber schwere gesundheitliche Folgen für die Hunde haben. Eine grundlegende Aufklärung darüber ist deshalb essenziell. Nicht nur, um Adoptant:innen vorzubereiten, sondern auch, um Vorurteile abzubauen und verantwortungsvolle Entscheidungen zu ermöglichen.

Grundsätzlich werden die Hunde vor der Ausreise gechipt, geimpft, entwurmt und auch auf Reisekrankheiten getestet. Gibt es Auffälligkeiten oder Unsicherheiten, wird das ebenfalls offen benannt.

Eine gründliche Vorkontrolle zeigt, dass es dem Verein um das Wohl des Hundes geht. Denn gute Vereine möchten sicherstellen, dass Hund und Mensch wirklich zueinanderpassen. Daher wird ein persönliches Gespräch geführt, Fragen zu den Lebensumständen gestellt und ein Vorbesuch in Form einer Vorkontrolle gemacht. Auch nach der Vermittlung hört Verantwortung nicht auf. Ein seriöser Tierschutzverein bleibt erreichbar, sei es für Rückfragen, in schwierigen Situationen oder schlicht für den Austausch.

Viele Adoptant:innen haben gerade in den ersten Wochen Unsicherheiten: Was tun bei Durchfall nach der Ankunft? Wie gewöhne ich den Hund ans neue Zuhause? Wann sollte ich zum Tierarzt? In solchen Momenten ist es unbezahlbar, jemanden an seiner Seite zu wissen, der sich auskennt und auch bereits mit dem Tier vertraut ist. Auch für den Notfall muss gesorgt sein. Sollte ein Hund trotz aller Bemühungen nicht bleiben können – etwa wegen Krankheit, gravierender familiärer Umstände oder unerwarteter Entwicklungen –, nimmt ein verantwortungsvoller Verein das Tier wieder zurück.

Denn sosehr man sich im Vorfeld auch bemüht, potenzielle Adoptant:innen gut vorzubereiten: Hunde verhalten sich im neuen Zuhause manchmal ganz anders als im Tierheim oder der Pflegestelle. Stress, Überforderung oder tief sitzende Unsicherheiten zeigen sich oft erst mit der Zeit, und nicht immer passt es dann so wie erhofft. Das ist keine Schuldfrage. Sondern ein Risiko, das zum Tierschutz dazugehört. Wichtig ist, dass in solchen Momenten niemand alleingelassen wird, weder Mensch noch Hund. Schutzverträge sind dabei ein zentrales Instrument. Sie regeln transparent und rechtlich nachvollziehbar die Rechte und Pflichten beider Seiten: des Vereins und der adoptierenden Person. Dazu gehören Informationen über Kastration, Weitergabe, Rücknahme, Haltung und medizinische Versorgung. So wird sichergestellt, dass der Hund nicht weiterverkauft oder abgegeben wird oder im Tierheim landet, sondern im Notfall zum Verein zurückkehrt.

Auch die Schutzgebühr ist ein wichtiges Kriterium. Sie wirkt auf den ersten Blick wie ein Preis, doch sie ist keine Bezahlung für den Hund, sondern ein Kostenbeitrag für seine Versorgung: Impfungen, Parasitenprophylaxe, tierärztliche Untersuchungen, Futter, Unterkunft, gegebenenfalls Kastration und Transport. Bei einem seriösen Verein wird die Schutzgebühr klar kommuniziert, oft inklusive einer Aufschlüsselung der Kosten. Vorsicht ist geboten bei sogenannten „Dumpingpreisen“ oder überhöhten Gebühren ohne erkennbare Leistungen. Beides kann ein Hinweis auf unseriöse Absichten sein. Denn genau diese Anbieter geben sich nach außen verantwortungsvoll, lassen es aber in der Praxis oft an grundlegenden Standards fehlen. Bei ihnen gibt es:

- keine Vorkontrollen,
- kein echtes Interesse am neuen Zuhause,
- keine Beratung,
- eine schnelle Übergabe an Raststätten oder auf Parkplätzen
- und oft auch keine Nachbetreuung.

Solche Vermittlungen zielen nicht auf das Wohl des Hundes, sondern auf den schnellen Gewinn. Der Hund wird zur Ware. Doch verantwortungsvolle Tierschutzarbeit zeigt sich auch in der rechtlich sauberen und sorgfältigen Abwicklung. Und nicht zu vergessen: Hunde aus dem Ausland sollten ausschließlich mit den notwendigen TRACES-Papieren ausreisen. Diese Dokumente garantieren, dass der Transport nach den EU-Vorschriften erfolgt und der Hund alle erforderlichen Impfungen, einen EU-Heimtierausweis und den Identifikations-Chip besitzt. Ergänzt wird dieser Prozess oftmals durch einen Mittelmeerkrankheits-Test. Ein weiterer Beweis dafür, dass der Verein das Wohl des Hundes ernst nimmt und langfristig für seine Gesundheit sorgt. Denn viele Hunde stammen aus Ländern, in denen bestimmte Erkrankungen wie Leishmaniose & Co. weit verbreitet sind. Mittelmeerkrankheiten verlaufen oft lange symptomfrei, können aber unbehandelt schwere gesundheitliche Folgen haben. Ein frühzeitiger Test hilft dabei, mögliche

Infektionen rechtzeitig zu erkennen. Selbst dann, wenn der Hund äußerlich gesund erscheint. Und er ermöglicht, von Anfang an die passende tierärztliche Begleitung einzuleiten. Ein seriöser Verein erklärt, wann getestet wird, was die Ergebnisse bedeuten, und begleitet auch bei einem positiven Befund.

All diese Punkte mögen auf den ersten Blick bürokratisch erscheinen, doch sie machen den Unterschied zwischen verantwortungsvoller Vermittlung und riskanter Übergabe aus.

Auslands- und Inlandstierschutz: Hand in Hand für eine bessere Zukunft

Unsere persönliche Reise im Auslandstierschutz hat uns eindrücklich vor Augen geführt, wie eng die Schicksale der Tiere in unterschiedlichen Ländern miteinander verknüpft sind. Im Jahr 2023 waren wir für die „Heldenreise" im Auftrag von BOSCH Petfood für 14 Tage mit einem Wohnmobil in Portugal unterwegs, um ein staatliches Tierheim zu besuchen. Unsere Mission? Die Rettung Bettys, einer zehnjährigen blinden Seniorin, die mit diversen Tumoren und anderen gesundheitlichen Baustellen zu kämpfen hat. Die finanziellen Mittel im staatlichen Tierheim sind so stark begrenzt, dass es nicht einmal täglich Futter für die Hunde gibt. Ich erinnere mich noch gut an die Bilder, die wir vor einem Jahr dort ertragen mussten. Hunde, die verängstigt und völlig verstört den ganzen Tag unter einer Bank kauerten, in winzigen Zwingern von vielleicht acht Quadratmetern, ohne Tageslicht und ohne Freilauf. Anders als in den deutschen Tierheimen, wo Hunde zumindest regelmäßig Auslauf und individuelle Betreuung erhalten, wo sie medizinisch versorgt, gepflegt und liebevoll betreut werden, wo gesetzliche Regelungen dafür sorgen, dass ihnen kein

Schaden zugefügt wird, wird hier nur grob mit einem Wasserschlauch von außen gesäubert – oft, ohne dabei Rücksicht auf die Hunde zu nehmen. Manche Hunde müssen sich Zwinger mit acht weiteren Hunden teilen, sodass keiner ausreichend Platz zum Ausstrecken und Erholen hat. Diese Zustände sind erschütternd und sprechen Bände über das Leid, das viele Tiere in solchen Einrichtungen tagtäglich ertragen. Ein kleiner Trost für Rafael und mich: Betty aus dieser Umgebung zu holen und sie zu Teresa zu bringen – in eine liebevoll geführte Einrichtung, in der ihre Bedürfnisse endlich ernst genommen werden. Dank des Engagements einer fürsorglichen Mitarbeiterin im Tierheim konnten wir Betty retten und ihr so die Chance auf ein artgerechtes, würdiges Leben geben. Mittlerweile ist Betty Teil des Patenhundprogramms von Teresa, hat ein eigenes Hundebett mit weichen Decken und medizinische Versorgung erfahren, auch wenn ein Auge leider nicht mehr gerettet werden konnte und der Hündin auch eine Milchleiste entfernt werden musste. Nun darf die Seniorin ihr Leben in Frieden auf der Pfötchenfarm genießen.

Seniorin Betty konnten wir zwar zu einem besseren Leben verhelfen, aber im staatlichen Tierheim im Norden Portugals gibt es noch immer einen Trakt, der mir regelmäßig schlaflose Nächte beschert: der sogenannte Bereich der „gefährlichen Hunde“. Er ist vom restlichen Gelände abgetrennt, liegt isoliert und ohne Tageslicht – eine Steigerung der ohnehin schon prekären Bedingungen im normalen Zwingerbereich. An dieser Stelle zeigt sich das Ausmaß der Missstände mehr als deutlich: In einem separaten Sektor sind die Zwinger derart beengt, dass die Hunde kaum Platz haben, um sich zu bewegen – eher vergleichbar mit einem kleinen Schuppen als mit einem artgerechten

Zuhause. Bei diesem Anblick wurde mir schmerzhaft bewusst, dass dringender Handlungsbedarf besteht, um den Tieren wenigstens ein Mindestmaß an Lebensqualität zu ermöglichen. In vielen angrenzenden europäischen Ländern sieht die Realität ganz anders aus als in Deutschland, Österreich oder der Schweiz: Dort kämpfen Hunde noch immer mit mangelnder Versorgung, unzureichender medizinischer Betreuung und oft brutalen Lebensbedingungen. Nicht selten erreichen uns bei Teresa Hunde, die unter schockierenden Umständen auf die Pfötchenfarm gelangen. Einige werden aus fahrenden Autos geschmissen, überfahren und achtlos liegen gelassen. Andere finden sich in Plastikbeuteln wieder, die wie Müll entsorgt werden, oder sie werden gezielt misshandelt und geschlagen. Weswegen mittlerweile viele ausländische Tierschutzvereine Hand in Hand mit lokalen Tierheimen zusammenarbeiten, um diese Missstände zu beheben. In einigen süd- und osteuropäischen Ländern, wo soziale Not, Existenzängste und andere dringende Probleme oft den Vorrang haben, wird Tierschutz noch viel zu wenig gelebt. Deshalb nehmen auch immer mehr deutsche Tierheime Hunde aus dem Ausland auf, um ihnen in Deutschland ein besseres, sicheres Leben zu ermöglichen. Deshalb sind misshandelte Hunde wie Mateo oder Tayo heute hier.

Den Unterschied machen seriöse Vereine, die im Auslandstierschutz tätig sind. Sie nehmen strenge, tierärztliche Untersuchungen vor, behandeln Hunde bei Bedarf, kastrieren sie, impfen sie und führen Bluttests durch: So minimieren seriöse Tierschutzvereine das Restrisiko von Erkrankungen, die in anderen Ländern noch weit verbreitet sind. Genau das schafft den entscheidenden Mehrwert: Wenn Hunde ohne diese rigorosen Kontrollen importiert würden, bestünde die Gefahr, dass

Krankheiten (Parasitenbefall, Virusinfektionen bis hin zu genetisch bedingten Erkrankungen) in die heimische Tierpopulation eingeschleppt werden.

Darüber hinaus schafft eine sorgfältige medizinische Vorsorge Vertrauen bei künftigen Adoptant:innen und Kritikern. Familien, die sich für einen Hund aus dem Ausland entscheiden, wissen so, dass sie einen Hund erhalten, der bereits umfassend untersucht und behandelt wurde. Folglich also den hohen Gesundheitsstandards entspricht, die in Deutschland, Österreich und der Schweiz üblich sind. So wird nicht nur die Ausbreitung potenziell gefährlicher Krankheiten verhindert, sondern auch die Basis für eine nachhaltige und vertrauensvolle, seriöse Vermittlungsarbeit gelegt. Nicht selten steht die Frage im Raum: „Aber sind Tiere aus dem Ausland nicht alle krank?" Sicherlich gibt es Hunde, die an Leishmaniose, Herzwürmern oder Hüftdysplasie leiden. Aber diese Krankheiten betreffen Tiere weltweit, und auch in unseren Breiten gibt es sie. Aber wichtig zu verstehen ist dabei: Hunde aus dem Ausland tragen nicht selbst die Schuld an Mittelmeerkrankheiten oder an den Auswirkungen des Klimawandels – Faktoren, die dazu führen, dass ehemals südlich beheimatete Sandmücken langsam auch in nördliche Regionen vordringen. Oft sind es auch Vernachlässigung, unzureichende medizinische Versorgung und die brutalen Lebensumstände, unter denen diese Hunde leben, die zu gesundheitlichen Problemen führen. Ein pauschaler Importstopp würde das Leid dieser Tiere nicht beenden – er würde es nur dorthin zurückverdrängen, wo es für uns unsichtbar ist. Vielmehr müssen wir darauf setzen, dass Hunde, die aus dem Ausland zu uns kommen, eine sorgfältig durchgeführte medizinische Vorsorge bekommen. Auch nicht außer Acht zu lassen: Reisen wir im eigenen Urlaub mit unseren Hunden in südliche Länder, besteht ein gewisses Risiko der Ansteckung, wenn der Hund nicht ausreichend geschützt ist. Sei es beim Import eines Hundes aus dem Ausland oder beim Reisen in südliche Regionen mit Hund – präventive Maßnahmen sind wichtig. Hunde müssen konsequent geimpft und vor Parasiten geschützt werden, um das Risiko einer Ansteckung zu minimieren. Das unterstreicht: Es ist nicht der Ursprung des Hundes, der Krankheiten verbreitet, sondern der Mangel an adäquater medizinischer Versorgung. Leider wird im Internet mit unserer wachsenden Reichweite immer häufiger kritisiert, dass Rafael und ich uns für den Auslandstierschutz engagieren, während in Deutschland ebenfalls viele Hunde auf Hilfe warten. Solche Kommentare sind nicht selten schmerzhaft, und es ist wichtig zu verstehen: Es geht nicht um Konkurrenz. Viele Menschen haben die erschütternde Realität vieler Hunde in anderen Ländern nicht gesehen und ziehen oberflächliche Vergleiche. Inlands- und Auslandstierschutz sind zwei Seiten derselben Medaille. Nicht ohne Grund kooperieren Tierheime in Deutschland mit Einrichtungen aus dem Ausland, um den Hunden eine Chance auf Vermittlung zu geben und eine Familie zu finden, die wirklich zu den Bedürfnissen der Hunde passt. Denn in vielen deutschen Tierheimen leben inzwischen vorrangig Hunde mit besonderen Herausforderungen: verhaltensauffällige Tiere, sogenannte Listenhunde mit gesetzlichen Auflagen oder Hunde mit einer schweren Vergangenheit, die viel Erfahrung, Geduld und ein spezielles Umfeld erfordern. Listenhunde sind bestimmte Rassen, die von den Behörden als potenziell gefährlich eingestuft werden und daher strengen Regeln unterliegen – etwa Maulkorb- und

Leinenpflicht, Halteerlaubnis oder Nachweise zur Sachkunde und Versicherung. Für viele Familien, die sich zum ersten Mal einen Hund wünschen, sind diese Tiere deshalb leider oft keine Option. So wird durch Auslandstierschutz auch ein gravierendes Problem bekämpft: der illegale Welpenhandel und die unbedachte, unüberlegte Vermehrung von Hunden. Denn was passiert, wenn Familien in Deutschland keinen geeigneten Hund im örtlichen Tierheim finden und gleichzeitig nicht die finanziellen Mittel haben, teuer einen Hund von einem seriösen Züchter zu erwerben? Der Griff zu dubiosen Quellen wird nicht selten zur vermeintlichen Lösung, ganz gleich ob wissentlich oder unwissentlich. Das führt dazu, dass Arbeitsrassen und andere Hunde, die eigentlich spezielle Ansprüche haben, in völlig ungeeignete Hände geraten. Das Resultat sind häufig Problemhunde – Tiere, die aufgrund fehlender Sozialisierung und unpassender Haltung aggressiv werden oder Verhaltensauffälligkeiten entwickeln, sodass sie kaum noch resozialisierbar sind und letztlich wieder ins Tierheim zurückkehren. Während örtliche Tierheime also die bereits gut versorgten Hunde betreuen, konzentriert sich der Auslandstierschutz auf jene, die in ihren Heimatländern kaum eine Chance auf ein artgerechtes Leben haben. Indem wir diesen Hunden den Weg in ein sicheres Zuhause ebnen, schaffen wir eine Win-win-Situation: Die Hunde erhalten die Fürsorge, die sie verdienen, und die Tierheime in Deutschland, Österreich und der Schweiz gewinnen zusätzliche Kapazitäten, um noch mehr Lebewesen zu retten. Gleichzeitig wird ein zentraler Auslöser für überfüllte Tierheime im deutschsprachigen Raum aktiv bekämpft: die unüberlegte und unpassende Anschaffung von Hunden aus unseriösen Quellen, durch Onlinekäufe, Hobbyvermehrung oder emotionale

Spontanentscheidungen. Das macht vor allem eins deutlich: Nachhaltiger Tierschutz lebt von der Zusammenarbeit – über Ländergrenzen hinweg. Und am Ende profitieren alle: die Hunde, die Tierheime und auch die Familien, die sich ein neues, treues Familienmitglied in ihr Leben holen möchten.

Tierschutzvermittlung: Warum es mehr braucht als einen Klick

Die Vermittlung von Hunden ist eine der bekanntesten und gleichzeitig zentralsten Aufgaben im Tierschutz. Dabei geht es nicht nur darum, Hund und Mensch zusammenzubringen, sondern vor allem darum, sicherzustellen, dass der Hund in ein Umfeld gelangt, das seinen individuellen Bedürfnissen gerecht wird. Es reicht nicht, den süßesten Hund im Internet zu entdecken, sondern Fehlvermittlungen zu vermeiden. Dabei spielen verschiedene Kriterien eine entscheidende Rolle. Verantwortungsvolle Tierschutzvereine vermitteln Hunde nicht nach dem Motto „Hauptsache, raus aus dem Tierheim", sondern stellen die Qualität jeder Vermittlung in den Vordergrund. Das bedeutet: Es wird genau hingeschaut, ob Hund und Mensch wirklich zueinanderpassen. Charakterlich, vom Lebensstil her, von den Erwartungen im Alltag. Es geht nicht um „The Perfect Match" im oberflächlichen Sinne, sondern um ein tragfähiges Fundament, auf dem ein gemeinsames Leben wachsen kann. Wenn sich herausstellt, dass der Hund und der Interessent nicht ideal füreinander sind, wird auch mal „Nein" gesagt. Ein Hund verdient schließlich ein Zuhause, in dem seine individuellen Bedürfnisse Beachtung finden. Dennoch höre ich immer wieder denselben Vorwurf: „Die wollen doch gar nicht vermitteln!" Oft geäußert von Menschen, die nach einer Absage frustriert sind und sich dann im selben Atemzug einen Hund vom Züchter holen oder aus dubiosen Quellen kaufen. Und ja, natürlich kann eine Absage enttäuschen. Aber sie ist nie willkürlich, nie böse gemeint. Ich erinnere mich an ein Gespräch mit einer Familie, die einen Junghund adoptieren wollte. Alles schien zunächst zu passen – Haus mit Garten, hundeerfahren, sehr sympathisch. Doch im Verlauf des Gesprächs wurde klar, dass der Hund tagsüber regelmäßig über acht Stunden allein wäre. Für einen unsicheren Hund aus dem Tierschutz, der gerade erst ankommt, schlicht keine gute Voraussetzung. Aber auch allgemein sind so lange Alleinzeiten für Hunde nicht artgerecht – egal ob Tierschutz- oder Zuchthund, Welpe oder Senior. Hunde sind soziale Wesen, sie brauchen Anschluss, Struktur und Nähe. Als wir das erklärten, war die Reaktion: „Wenn Sie Ihre Hunde nicht aus dem Tierheim haben wollen, dann kaufen wir uns eben einen." Solche Reaktionen zeigen, wie wenig oft verstanden wird, was seriöser Tierschutz bedeutet. Interessenten haben das Recht auf eine ehrliche und umfassende Beratung. Oft wird dabei klar, dass ein Hund, der auf den ersten Blick „der Traumhund" zu sein scheint, in der Praxis doch nicht optimal in das bestehende Lebenskonzept der möglichen Familie passt – sei es, weil er besondere Pflege benötigt, gesundheitliche Herausforderungen mit sich bringt oder sein Temperament und Verhalten nicht ideal mit dem Alltag der Familie harmonieren. Ein junger, energiegeladener Welpe gehört zum Beispiel nicht in die Hände von alleinstehenden Senioren, die in einer Einzimmerwohnung leben, während ein Angsthund in einer Großstadt mit einer Familie und mehreren kleinen Kindern mit Sicherheit überfordert wäre. Manchmal heißt eine Absage aus diesen Gründen auch einfach nur:

„Nicht dieser Hund, aber vielleicht ein anderer.“ Ich habe es oft erlebt, dass jemand nach einem ehrlichen, wertschätzenden Austausch später genau den Hund gefunden hat, der wirklich zu ihm passte.

Gerade bei meinen Pflegehunden kommt das regelmäßig vor. Viele dieser Hunde bekommen – zum Glück – mehrere gute Anfragen von wirklich tollen Menschen. Doch es gibt sie nun mal nur einmal. Wenn ich das Gefühl habe, dass jemand ernsthaft interessiert, verantwortungsvoll und offen ist, versuche ich immer, auf andere passende Hunde aufmerksam zu machen. Ein schönes Beispiel dafür ist Simon. Seine Familie hatte sich ursprünglich für unsere ehemalige Pflegehündin Letty interessiert. Letty war zu dem Zeitpunkt bereits vermittelt, doch ich wusste durch meine regelmäßigen Aufenthalte auf der Pfötchenfarm bei Teresa von einem Junghund, der bisher vollkommen übersehen wurde: ruhig, liebenswert, völlig unkompliziert. Aber eben keiner, der auf Fotos sofort auffällt. Ich erzählte der Familie von Simon. Und sie hörten zu. Heute, drei Jahre später, lebt Simon glücklich bei ihnen, und wir haben noch immer regelmäßig Kontakt. Sie schicken Nachrichten, Bilder, kleine Updates. Bei jedem Blick in Simons neues Leben überkommt mich dieses warme Gefühl, dass es genau so richtig war.

Damit ein Hund wirklich ankommen kann, muss nicht nur der Charakter passen – auch das Umfeld spielt eine entscheidende Rolle. Aus diesem Grund werden die Wohnsituation und die Lebensumstände der potenziellen neuen Familie eines Hundes genau unter die Lupe genommen. Dabei geht es nicht darum, den klassischen Anspruch eines „großen Hauses mit großem Garten auf dem Land“ als Maßstab zu setzen.

Schließlich ist jeder Hund ein Individuum. Es wird vielmehr geprüft, ob das Zuhause hundgerecht ist: ob genügend Platz vorhanden ist – dabei ist die Größe des Hundes ausschlaggebend –, denn ein Hund mit einer Widerristhöhe von 30 Zentimeter kann in einem kleinen Apartment glücklich werden, während der große Mischlingshund mit einer Größe von 70 Zentimetern Schulterhöhe und einem Gewicht von 55 Kilogramm in einer Einzimmerwohnung vermutlich weniger gut aufgehoben wäre. Kannst du dir eine neun Jahre alte deutsche Dogge im Dachgeschoss auf 40 Quadratmetern vorstellen? Ich mir auch nicht. Dennoch kam eine Anfrage dieser Art für einen sehr großen Hund schon mal bei uns an. Geklärt wird auch, ob ein sicherer Außenbereich besteht (für die Ausbruchskünstler und die Angsthasen unter den Hunden) und ob die Umgebung dem Tier ausreichend Auslauf bietet. Wohnen Interessenten in der Stadt, ist das nicht automatisch ein Ausschlusskriterium, jedoch sollte die nächste Grünfläche nicht erst nach einer 30-minütigen Autofahrt erreicht sein. Auch wichtig: die Erfahrung und Motivation der künftigen Familie. Je nach Hund wird darauf geachtet, ob die Interessenten bereits Erfahrung im Umgang mit Tieren haben oder zumindest die Bereitschaft mitbringen, sich das notwendige Wissen anzueignen. Was eigentlich selbstverständlich sein sollte, ist es in der Realität leider oft nicht. Immer wieder begegnen mir Menschen, die sich einen Hund wie ein Möbelstück online „bestellen“ wollen. Bequem per Mausklick, am besten noch mit Rückgaberecht. Dann fallen im Gespräch Fragen wie: „Ist der Hund stubenrein?“, „Kann ich ihn direkt von der Leine lassen?“ oder „Welche Kommandos beherrscht er schon?“. Fragen, die zwar grundsätzlich nachvollziehbar sind, aber in ihrer

Reihenfolge und Selbstverständlichkeit oft zeigen, dass hier vor allem Erwartungen, aber wenig Verständnis für ein echtes Lebewesen mit individueller Geschichte und möglicherweise schwerem Start mitgebracht werden. Ein Hund aus dem Tierschutz ist kein fertig trainiertes, nahtlos funktionierendes Wesen – sondern oft ein Tier, das Zeit, Geduld, Klarheit und Zuwendung braucht, um sich einzuleben und zu entwickeln. Denn mal ganz ehrlich: Welches Tier funktioniert bitte auf Knopfdruck? Selbst ein Meerschweinchen zieht nicht ohne Protest um, und auch die Katze vom Nachbarn braucht Wochen, um sich an das neue Sofa zu gewöhnen. Wer ein Tier aufnimmt, bekommt kein Produkt, sondern ein fühlendes Wesen, das mit einem wachsen will. Persönliche Gespräche und die Vorkontrolle vor Ort helfen dabei, einzuschätzen, ob die potenzielle Familie langfristig die Verantwortung tragen kann. Ein Hund benötigt zudem regelmäßige Pflege, tierärztliche Betreuung, hochwertiges Futter, Beschäftigungsmöglichkeiten, eventuell eine:n Hundetrainer:in und vor allem eines: verlässliche Bezugspersonen. All das erfordert nicht nur Zeit und Energie, sondern auch finanzielle Mittel, die nicht unterschätzt werden dürfen (außerdem Geduld, Humor und im besten Fall eine gewisse Toleranz gegenüber Haaren auf dem Sofa und Sabber an der Fensterscheibe). Krankheiten, Operationen oder eine Hundephysiotherapie nach einem Unfall, all das kann plötzlich notwendig werden. Daher wird im Vermittlungsgespräch sorgfältig geprüft, ob die zukünftige Familie diesen Anforderungen gewachsen ist. Nicht nur heute, sondern auch in schwierigen Phasen des Lebens. Ein Hund ist kein Projekt für sonnige Tage, sondern ein Begleiter, der auch in stressigen, chaotischen und anstrengenden Zeiten an unserer Seite und selbst dann noch auf uns angewiesen ist. Ein Zuhause auf Lebenszeit: Das ist kein Versprechen, das man leichtfertig gibt. Aber wenn man es ernst meint, verändert es alles. Für den Hund. Und auch für uns. Gerade deshalb braucht es verbindliche Standards. Nicht, um Hürden aufzubauen, sondern um Verantwortung einzufordern. Ich erinnere mich an eine Anfrage, die mich mal ziemlich ratlos zurückließ: Die Familie schrieb, sie hätte gerade frisch gebaut, die Zimmer neu eingerichtet, die Kinder hätten zwar Angst vor großen Hunden – aber man wolle jetzt endlich „auch mal was Gutes tun". Der Hund sollte nicht haaren, am besten schon stubenrein sein, leinenführig, Kommandos können und selbstverständlich katzenverträglich und kinderlieb sein. Ach ja, bellen solle er auch nicht, man habe schließlich Nachbarn. Natürlich blieb es bei einer höflichen Absage. Aber genau deshalb ist es enorm wichtig, dass eine Vermittlung nicht einfach per „Klick" im Netz erfolgt. Denn genau dieser unkomplizierte Ablauf ist es, der im Auslandstierschutz immer wieder zu berechtigter Kritik führt und leider auch dazu beiträgt, dass manche unseriösen Vereine oder Privatpersonen daraus ein Geschäft machen. Wenn Hunde wie Produkte gehandelt werden, mit hübschen Bildern, emotionalen Texten und dem Versprechen „sofort verfügbar" – dann wird verdrängt, worum es wirklich geht: um ein sensibles Lebewesen mit Vergangenheit. Wer auf eine Anzeige klickt, ohne dass ein richtiges Gespräch, eine fachkundige Einschätzung oder gar eine Vorkontrolle erfolgt, bekommt am Ende vielleicht keinen passenden Hund, sondern ein Problem. Und das trifft immer den Schwächsten in der Kette – den Hund.

Noch schlimmer: Es gibt Fälle, in denen Tiere ohne jede Vorbereitung oder Rücksprache in Familien geschickt wurden, die völlig überfordert waren, weil sie sich Hunden gegenübersahen, die nie in einem Haus gelebt hatten, sich vor Türen fürchteten, sich aus Panik lösten und wegliefen. Manche wurden dann wieder abgegeben, andere verschwanden spurlos. Es fehlt an Aufklärung, an Betreuung, an ehrlichem Interesse am Tierwohl, und so wird aus Hilfe schnell fahrlässige Tierverteilung. Deshalb ist der Vergleich mit Onlineshopping nicht übertrieben, sondern leider bittere Realität. Ein schöner Text, ein trauriger Blick, ein „Jetzt retten"-Button. Fertig ist der Warenkorb. Und wer meint, mit einem „geretteten Hund auf Klick" moralisch auf der sicheren Seite zu stehen, vergisst dabei oft: Echte Verantwortung zeigt sich nicht erst beim Füttern und Gassigehen, sondern schon bei der Frage, wie und warum ein Hund überhaupt ins eigene Leben geholt wird.

Das Ausfüllen eines mehrseitigen Fragebogens, ausführliche Vermittlungsgespräche und eine Vorkontrolle sind keinesfalls als bürokratisches Hindernis zu verstehen, sondern als eine Art Schutzmechanismus, der von Anfang an den Grundstein für eine erfolgreiche Vermittlung legt – im Sinne von Hund und Mensch. Ich habe im Laufe meiner Tätigkeit als Vermittlerin bereits oft erlebt, wie wichtig diese Maßnahmen sind. Denn ja, auch ich hatte schon Menschen in der Vermittlung, die nicht mal bereit dazu waren, den Fragebogen des Vereins auszufüllen, geschweige denn, die Schutzgebühr zu entrichten. Mit der Aussage: „Ich dachte, ich soll einen Hund retten, wieso soll ich dann dafür bezahlen?"

Eine Frage, die immer wieder auftaucht. Und der ich gern Folgendes entgegensetze: Die Schutzgebühr ist kein Eintrittsgeld ins Tierfreunde-Klubhaus. Sie ist auch kein „Preis", an dem sich der Verein bereichert, ganz im Gegenteil. Ein gemeinnütziger Verein darf per Gesetz gar keinen Gewinn erzielen. Die Schutzgebühr deckt lediglich einen Bruchteil der tatsächlichen Kosten, die rund um jeden einzelnen Hund anfallen. Bei den alten und kranken Tieren oft zusätzliche Behandlungen. Und was viele übersehen: Mit der Schutzgebühr wird nicht nur der einzelne Hund abgesichert. Sie hilft auch denen, die noch im Tierheim warten. Denn nur wenn die laufenden Kosten für medizinische Versorgung und Unterbringung gedeckt sind, kann der Kreislauf der Rettung weitergehen. Würde man Hunde einfach kostenlos „verschenken“, nur damit sie „raus sind“, wäre das fatal. Nicht nur, weil dann die nächste Futter- oder Tierarztrechnung vielleicht zur Rückgabe führt, sondern auch, weil Dinge, die nichts kosten, oft weniger Wertschätzung erfahren. So traurig das klingt, aber eine Schutzgebühr hat auch eine psychologische Komponente: Sie macht deutlich, dass man hier eine Verantwortung übernimmt und keine Gratis-Zugabe zum neuen Lebensabschnitt. Die Schutzgebühr ist also keine Hürde, sondern ein Zeichen von Ernsthaftigkeit. Ein kleiner Betrag im Vergleich zu dem, was ein Hund an Liebe, Freude und lebensbereicherndem Chaos mit sich bringt.

Es gibt auch Interessenten, die eine Vorkontrolle in den eigenen vier Wänden nicht dulden. Da stellt sich mir als Vermittlerin die Frage: Was hast du zu verbergen? Ich habe in den letzten drei Jahren in meiner bisherigen Laufbahn als Vermittlerin glücklicherweise nur einmal eine Vorkontrolle erlebt, bei der die durchführende Person rückwärts aus der Wohnung flüchtete, da der Boden vor lauter Müll, verstreuten Medikamenten und leeren Glasflaschen kaum mehr zu sehen war. Hier sollte eine junge Hündin mit Behinderung einziehen? Auf keinen Fall! Obwohl die Bewerber beim Telefonat sehr nett und kompetent klangen, zeigte sich anhand dieses Vorfalls, dass eine Vorkontrolle im Ernstfall der entscheidende Punkt sein kann, und genau deshalb ist sie so unverzichtbar. Jede Vermittlung sollte das Ziel haben, ein dauerhaft liebevolles und stabiles Zuhause zu schaffen. Nicht einfach nur ein freies Körbchen.

Doch wie lässt sich erkennen, wenn dieses Fundament fehlt? Woran merkt man, dass eine Vermittlung nicht mit der nötigen Sorgfalt durchgeführt wird? Eine unzureichende Vermittlung ist mehr als nur eine verpasste Chance, sie kann gravierende Folgen für das Tier haben. Wenn bei der Auswahl einer neuen Familie hauptsächlich die Rahmenbedingungen geklärt werden, also Fragen wie: „Ist der Hund noch verfügbar, und wann kann er kommen?“, ist das ein deutliches Warnsignal. In solchen Fällen fehlt es an einer gründlichen Auseinandersetzung mit dem Tier selbst, mit seinen Bedürfnissen und der Frage, ob das neue Zuhause diesen gerecht werden kann. Eine schlechte Vermittlung endet nicht selten damit, dass ein Hund bei Menschen landet, die kaum Zeit für ihn haben, ihn weder körperlich noch geistig auslasten und ihm im Alltag schlichtweg nicht gerecht werden können. Er verbringt seine Tage einsam in der Wohnung, bekommt lediglich ein paar Pflichtrunden um den Block, denn mehr ist zeitlich einfach nicht drin. Der Hund ist dann zwar „vermittelt“, doch an Lebensqualität mangelt es ihm erheblich. Das eigentlich Tragische: Solche Fälle sind nicht nur für das Tier belastend, sondern untergraben auch das Vertrauen in den (Auslands-)Tierschutz an sich. Wenn adoptierten Hunden überforderte oder gleichgültige Halter gegenüberstehen, wenn sie aus Unsicherheit Verhaltensprobleme entwickeln oder gar wieder abgegeben werden müssen, fällt das oft auf den gesamten Verein zurück.

Selbst dann, wenn dieser seriös arbeitet. Und genau das sorgt dafür, dass viele Menschen sagen: „Ein Hund aus dem Ausland? Die haben doch alle einen Knacks." Dabei war es nicht der Hund, der das System „Tierschutz" enttäuscht hat. Sondern das System, das bei seiner Vermittlung versagt hat. Ein seriöser Verein hat in solchen Fällen immer eine Rücknahmegarantie und sorgt dafür, dass der Hund auf eine geeignete Pflegestelle zurückkommt und eben nicht im Tierheim landet. Leider ist das nicht überall der Fall. Immer wieder hören wir von Fällen, in denen Hunde ohne Auffangnetz zurückgegeben werden und dann im ohnehin überlasteten Tierheim landen. Verwirrt, verunsichert, erneut entwurzelt. Diese Rückläufer stellen für die ohnehin schon stark belasteten Tierheime eine enorme Herausforderung dar. Die Einrichtungen arbeiten vielerorts am Limit: Plätze sind rar, Futter und Medikamente knapp, das Personal ist am Anschlag. Jeder zusätzliche Hund bedeutet mehr Belastung, weniger Zeit für jedes einzelne Tier und im schlimmsten Fall: schlechtere Versorgung für alle. Doch es geht nicht nur um logistische Engpässe. Fehlvermittlungen hinterlassen auch emotionale und strukturelle Schäden. Ein Hund, der wegen Überforderung abgegeben wird, ist häufig tief verunsichert. Er verliert erneut sein Zuhause, seine Bezugspersonen, seine Orientierung. Ich denke, ich muss nicht erwähnen, dass die Leidtragenden vor allem die Tiere sind: Hunde, die in ein ungeeignetes Zuhause vermittelt werden, entwickeln nicht selten verhaltensauffällige Eigenschaften. Sie können panisch, aggressiv oder depressiv werden – Zustände, die oft zu einer Abgabe führen und den Hund nicht nur schwer vermittelbar, sondern auch emotional kaputt zurücklassen. Und auch die betroffenen Menschen ziehen sich oft enttäuscht zurück.

Wer mit besten Absichten adoptiert hat, aber dann mit einem überforderten, nicht passenden Hund allein dasteht, fühlt sich schnell im Stich gelassen. Einige schieben die Schuld auf den Verein, andere auf den Hund, und wieder andere wenden sich ganz vom Tierschutz ab. Sie erzählen im Freundeskreis von „dem aggressiven Hund aus dem Ausland", berichten von fehlender Unterstützung oder davon, wie sie „belogen wurden". Und so leidet der gesamte Tierschutz unter den Folgen einzelner schlechter Vermittlungen. Das Vertrauen sinkt, das Misstrauen wächst. Potenzielle Adoptant:innen sind verunsichert, stellen pauschal alle Auslandstierschutzvereine unter Generalverdacht oder entscheiden sich gleich ganz gegen eine Adoption. Nicht, weil sie nicht helfen wollen, sondern weil sie nicht noch einmal enttäuscht werden möchten. Ein Teufelskreis, der sich nur durchbrechen lässt, wenn Vermittlung nicht auf Masse, sondern auf Klasse setzt.

Und wie kann ich jetzt verhindern, an eine schlechte Vermittlung zu geraten? Indem du vor allem eines tust: den gesamten Vermittlungsprozess als Partnerschaft zu betrachten. Einer, bei der das Wohl des Tieres immer an erster Stelle steht. Anstatt sich von emotionalen Vermittlungsanzeigen oder schnellen Vermittlungsprozessen verleiten zu lassen, solltest du auf einen strukturierten und transparenten Vermittlungsprozess bestehen. Dazu gehören ...

Den Auswahlprozess ernst nehmen

Lass dich niemals zu einer schnellen oder gar Mitleidsentscheidung drängen. Ein seriöser Verein mit guter Vermittlungsarbeit fordert dich auf, einen ausführlichen Fragebogen auszufüllen, und führt intensive Gespräche, um deine Lebensumstände, deine Motivation und deine Erfahrung einzuschätzen. Hausbesuche in Form von Vorkontrollen deiner Wohnsituation sind Teil dieses Prozesses, die dabei helfen sicherzustellen, dass dein Zuhause wirklich zu den Bedürfnissen des Hundes passt.

Sei ehrlich zu dir selbst und offen für vollumfängliche Beratung

Eine realistische Selbsteinschätzung ist essenziell, wenn es um die Adoption eines Hundes geht. Es ist absolut kein Zeichen von Schwäche, wenn du feststellst, dass ein bestimmter Hund oder eine bestimmte Charaktereigenschaft nicht zu deinem Alltag passt. Im Gegenteil – es zeigt Verantwortungsbewusstsein. Ein unsicherer oder sehr aktiver Hund braucht andere Rahmenbedingungen als ein entspannter Sofa-Kumpel oder souveräner Senior. Wenn du zum Beispiel im Schichtdienst arbeitest, regelmäßig verreist oder Kinder im Kleinkindalter hast, ist ein ängstlicher Tierschutzhund mit hoher Betreuungsintensität vielleicht gerade nicht das Richtige. Und das ist okay. Wichtig ist, dass du in diesem Prozess ehrlich zu dir selbst bist und offen bleibst für Vorschläge. Viele Menschen haben sich bereits verliebt, noch bevor sie den Vermittlungstext richtig gelesen haben. Aber nicht jeder Hund, der auf Fotos süß guckt, ist auch der passende Begleiter für dich. Deshalb lohnt es sich, dem vermittelnden Verein zuzuhören. Die Vermittelnden kennen die Hunde oft sehr gut, haben Einschätzungen aus Pflegestellen oder aus der Beobachtung im Tierheim, wissen, welche Konstellationen funktionieren und welche eher schwierig sind.

Informiere dich gründlich

Der Klassiker unter den Tipps: Informiere dich vor einer Adoption ausreichend. Hole dir Referenzen und Erfahrungsberichte von Menschen im Bekanntenkreis oder beim Gassigehen ein, die bereits einen Hund aus dem Tierschutz adoptiert haben. Erfahrungswerte anderer können dich bei deiner Entscheidung oder bei Unsicherheiten unterstützen. Du kannst auch ganz unverbindlich bei einem Verein nachfragen, wie eine Adoption ablaufen würde – ohne gleich einen bestimmten Hund im Sinn zu haben. Dass du dich mit der Wahl des Tierschutzvereins wohlfühlst, ist einer der wichtigsten Punkte in der Vermittlung: Schließlich wirst du eine lange Zeit mit dem Tierschutzverein deines neuen Hundes zu tun haben. Ein seriöser Verein wird dir gern Informationen über ihre Arbeit, das Tierheim und den Adoptionsprozess geben.

Vertraue auf die Vermittlungsarbeit des Vereins

Die Maßnahmen wie das Ausfüllen eines mehrseitigen Fragebogens, persönliche Gespräche, Vorkontrollen und das Entrichten einer Schutzgebühr sind kein bürokratischer und nerviger Ballast, sondern essenzielle Instrumente, die dafür sorgen, dass der Hund in ein liebevolles und sicheres Zuhause kommt. Diese Schritte sind wichtige Mittel gegen den impulsiven „Kauf“ eines Hundes per Klick – ein Ansatz, der in vielen Fällen zu Fehlvermittlungen und unnötigem Tierleid führt. Vertrauen spielt hier eine zentrale Rolle: in den Verein, die Erfahrung der Vermittelnden und in deine eigene Fähigkeit, die beste Entscheidung nicht aus dem Bauch heraus zu treffen, sondern im Sinne eines harmonischen Miteinanders.

The Power of Social Media

Social Media hat den Tierschutz revolutioniert. Instagram & Co. haben Türen geöffnet, die es früher nicht gegeben hat, und ermöglichen uns heute, Tiere in Not direkt in die Herzen und Haushalte der Menschen zu bringen. Die digitale Vernetzung schafft eine Plattform, auf der Geschichten von Rettungen, die Pflege und Vermittlung in Echtzeit erzählt werden können. Durch Social Media erreichen wir ein breites Publikum und sensibilisieren Menschen für die Schicksale von Hunden, die sonst vielleicht übersehen würden. Genau das macht Social Media zu einem wertvollen Werkzeug im Tierschutz: Es senkt die Barrieren und ermöglicht es, Einblicke in den Alltag von Tierheimen, Pflegestellen und Tierschützer:innen zu geben, die früher oft im Verborgenen lagen. Ob die nächtliche Notaufnahme eines verletzten Hundes, der emotionale Abschied am Transporter oder der erste neugierige Schritt eines Langzeitinsassen ins neue Leben. All das lässt sich heute teilen, dokumentieren und transparent machen. Und genau diese Transparenz stärkt das Vertrauen. Denn viele Menschen möchten wissen: Wie funktioniert Tierschutz überhaupt? Wie sieht die Arbeit im Ausland konkret aus? Worin unterscheiden sich Aufgaben und Herausforderungen im Inlands- und Auslandstierschutz?

Früher waren Informationen oft auf lokale Webseiten oder Aushänge im Tierheim beschränkt, doch heute können ein Reel, ein Foto oder eine kurze Story Hundeleben weltweit verändern. Ein einziger Post kann genau den Menschen erreichen, der eigentlich gar nicht aktiv auf der Suche war, sich dann aber verliebt. In ein Bild, einen Blick, eine Geschichte. Menschen, die keine Tierheimseiten durchforsten oder die gar nicht wussten, wie Auslandstierschutz funktioniert, bekommen plötzlich

Zugang zu Schicksalen, für die sie sich sonst nie geöffnet hätten. So wie im Fall Pinoquio.

Fünf Jahre warten – Pinoquios Geschichte

Pinoquio war ein portugiesischer Wasserhund mit Locken zum Verlieben, und dennoch saß er über fünf Jahre lang im Tierheim, ohne eine einzige ernsthafte Anfrage. Warum, wissen wir bis heute nicht genau. Vielleicht spielte sein Herzfehler eine Rolle, vielleicht war es einfach Pech. Während andere Langzeithunde nach und nach in ein Zuhause reisen durften, blieb Pinoquio zurück. Dabei war er nicht nur irgendein Hund. Pinoquio war so etwas wie der Liebling der Pfötchenfarm: Jeder kannte ihn, jeder mochte ihn, jeder erinnerte sich an ihn. Auch ich. Seit meinem ersten längeren Aufenthalt auf der Farm 2021 kreuzten sich unsere Wege immer wieder. Jahr für Jahr sahen wir uns wieder, und Jahr für Jahr blieb er.

Im Sommer 2023 aber jagte er uns einen gewaltigen Schrecken ein. Wir waren auf der Pfötchenfarm zum Aushelfen. Mist schaufeln, Futter schleppen, Wassertröge schrubben. Während Rafael gerade kurz durchschnaufte und seinen Blick über die Zwinger schweifen ließ, entdeckte er plötzlich einen reglosen, schwer atmenden Hund am Boden. Er rief mich panisch herüber, und gemeinsam stürmten wir in den gegenüberliegenden Zwinger. Da lag er – Pinoquio. Sein Körper war seltsam verdreht, seine Atmung flach, seine Augen glasig. Er versuchte aufzustehen, doch seine Beine gaben nach, er sackte immer wieder in sich zusammen und begann plötzlich zu zucken. Ein Krampfanfall? Ein Kreislaufkollaps? Wir wussten es nicht, aber wir wussten, dass jede Sekunde zählte.

Rafael hob ihn ohne zu zögern hoch, während ich hektisch versuchte, die anderen Hunde vom Ausgang fernzuhalten. Die Gehegetür flog auf, Rafael rannte los. Durch den langen Gang, direkt ins Tierarztzimmer, wo Teresa glücklicherweise gerade war. Rafaels schnelles Handeln war Pinoquios großes Glück: Er konnte sofort eine Notfallspritze erhalten, die ihm das Leben rettete. Für Teresa war in diesem Moment klar: Pinoquio braucht mehr. Mehr Ruhe, mehr Sicherheit, mehr Nähe. Die Pfötchenfarm war kein Ort mehr für den Charmeur.

Weihnachten 2023 wurde Teresa schließlich kreativ, nachdem sich auch auf mehrere Aufrufe hin niemand für den inzwischen zu den Senioren zählenden Lockenkopf meldete. Teresa, die ihn so sehr ins Herz geschlossen hatte, drehte ein kurzes Video mit ihm. Beide trugen Weihnachtsmützen, Teresa hielt eine Geschenktüte in der Hand. Darin ein kleiner Zettel mit nur einem Wunsch: „A home for Pinoquio". Dieser eine Wunsch ging viral. Das Video wurde geteilt, kommentiert, gespeichert und weckte Hoffnung. Wenige Wochen später durfte Pinoquio endlich auf eine Pflegestelle reisen, was seine Vermittlungschancen enorm erhöhte. Und im Frühjahr 2024 fand er schließlich genau das Zuhause, auf das so viele so lange gewartet hatten.

Die Reichweite ersetzt also nicht nur klassische Vermittlungsarbeit, sie ergänzt sie um eine emotionale Ebene, die durch kein Formular dieser Welt erzeugt werden kann. Und manchmal reicht ein „gespeicherter Beitrag" oder ein geteiltes Video, damit ein Hund sein Zuhause fürs Leben findet. Nicht trotz, sondern dank Social Media.

Die Schattenseiten von Instagram, TikTok & Co.: Zwischen Sensationslust und Realität

Doch die digitale Welt hat auch ihre Schattenseiten. Sie lebt von visuellen Reizen, schnellen Emotionen, perfekt inszenierten Momenten. Ein süßer Hund mit einer Schleife, ein Happy-End-Video mit Musikuntermalung, ein tränenreiches „Vorher-Nachher". Es sind genau diese Beiträge, die besonders häufig geklickt, geteilt und geliked werden – weil sie berühren. Doch so wertvoll diese Aufmerksamkeit auch sein kann, sie hat einen Preis: Komplexe Realitäten werden oft stark vereinfacht dargestellt oder ausgeblendet. Hinter dem schwanzwedelnden Hund auf dem Sofa, der scheinbar selig in die Kamera schaut, steckt vielleicht ein langer, von Angst geprägter Weg. Ein Hund, der nicht berührt werden konnte. Der sich tagelang nur unter dem Tisch verkroch, Panikattacken beim Gassigehen bekam oder wochenlang nicht nur Ruhe fand.

Solche Entwicklungen dauern und sind nicht immer hübsch anzusehen. Genau deshalb tauchen sie online so selten auf. Die starke Fokussierung auf die schönen, rührenden Endbilder kann ein verzerrtes Bild vermitteln: Als wäre Adoption leicht, als wäre Tierschutz ein einfacher Klick. Hund gesehen, verliebt, adoptiert. Happy End. Doch wer je einen Hund aus dem Tierschutz aufgenommen hat, weiß: Adoption ist oft der Beginn einer Reise, nicht ihr Abschluss. Ein Weg voller Geduld, Missverständnisse, Lernprozesse und ja, auch voller Wachstum, Liebe und berührender Momente. Aber eben nicht nur.

Das Problem liegt nicht nur in der Vereinfachung, sondern auch in der wachsenden Konkurrenz um Aufmerksamkeit. Je dramatischer, je süßer, je trauriger ein Beitrag ist, desto besser performt er. Und so werden Inhalte manchmal bewusst emotionalisiert, zugespitzt oder gar inszeniert. Rettungsgeschichten, die eigentlich Teamarbeit vieler helfender Hände sind, werden personalisiert und dramatisiert. Traurige Tierheimhunde werden bewusst so gefilmt, dass Mitleid ausgelöst wird – manchmal ohne Kontext. Warum der Hund so aussieht? Welche medizinische Vorgeschichte er hat? Wie lange er schon in Obhut ist? Wer ihn betreut? All das bleibt im Dunkeln. Dabei ist es gerade dieser Hintergrund, der für ein realistisches Bild des Tierschutzes so wichtig ist.

Denn echter Tierschutz ist selten spektakulär. Es ist oft unsichtbar, anstrengend und von vielen kleinen, unaufgeregten Schritten geprägt. Es ist das Reinigen von Gehegen, das Stillhalten beim Tierarzt, das geduldige Wieder- und Wiederholen einfacher Abläufe im Training, das monatelange Warten auf die richtige Familie. Es ist das ständige Abwägen, Priorisieren, auch das Aushalten von Grenzen.

Wenn diese Realität zu oft aus der digitalen Erzählung verschwindet, entsteht nicht nur ein falsches Bild – es entsteht auch Druck. Auf Pflegestellen, die das Gefühl bekommen, sie müssten „perfekte" Fortschritte vorzeigen. Auf Adoptant:innen, die sich fragen, warum ihr Hund nicht nach drei Tagen völlig aufgeblüht ist. Auf Tierschutzvereine, die in Konkurrenz zu anderen Organisationen um Reichweite buhlen müssen. Und im schlimmsten Fall: auf Hunde, die zu früh, zu schnell, zu unreflektiert vermittelt werden. Um ein gutes Bild abzugeben. Noch problematischer wird es, wenn falsche oder verkürzte Informationen verbreitet werden. Wenn plötzlich vermittelt wird, dass jede:r Tierschutz „einfach so" machen kann. Dass Hunde aus dem Ausland besonders „dankbar" seien, als würden sie sofort verstehen, dass man ihnen ein besseres Leben geschenkt hat. Als müssten sie das automatisch mit bedingungsloser Liebe vergelten.

Aber so funktioniert das nicht.

Hunde sind keine Wesen, die Dankbarkeit in der Form empfinden wie wir Menschen. Sie führen kein inneres Tagebuch, in dem sie notieren, wie schlecht es ihnen früher ging und wie gut sie es jetzt haben. Sie leben im Moment. Und was für uns wie ein Neuanfang aussieht – ein gemütliches Körbchen, ein voller Napf, liebe Worte –, ist für viele Hunde zunächst vor allem eins: fremd. Beängstigend. Überfordernd.

Ich habe Hunde erlebt, die ihre ersten Nächte in einem weichen Bett wie paralysiert verbracht haben. Die es nicht wagten, auf das neue Sofa zu springen, weil sie es nicht kannten. Hunde, die vor einer offenen Haustür standen und sich nicht trauten, hindurchzugehen. Weil sie gelernt hatten: Jede Veränderung kann gefährlich sein. Weil sie mit Unvorhersehbarem, mit Lärm, mit Schmerz oder Strafe verknüpft war. Und dann erwarten Menschen Dankbarkeit. Erwarten, dass der Hund ihnen vertraut, dass er anhänglich ist, dass er schnell „ankommt". Aber viele dieser Hunde haben Menschen erlebt, auf die sie sich nicht verlassen konnten. Oder gar nicht durften. Vertrauen muss sich erst entwickeln. Langsam. Still. In kleinen, zarten Momenten. In einem vorsichtigen Schwanzwedeln. In einem Blick, der zum ersten Mal nicht ausweicht. In dem Moment, in dem der Hund sich neben dich legt, obwohl er es nicht müsste.

Das ist keine Dankbarkeit. Das ist Vertrauen. Und es ist viel, viel wertvoller als Dankbarkeit. Deshalb braucht es auf Social Media mehr denn je kritische Selbstreflexion, Aufklärung und Raum für Zwischentöne. Gute Beiträge im Tierschutz machen nicht nur betroffen oder glücklich. Sie erklären, sie begleiten, sie geben Einblick und ordnen ein. Und genau das ist es, was nachhaltigen digitalen Tierschutz ausmacht: ein ehrlicher Blick hinter die Kulissen, der berührt und informiert.

Gerade in der Welt der Haustiere können oberflächliche Posts fatale Folgen haben. Wenn der süße Aussiedoodle oder der Kaninchendackel in Sonderfarbe schneller viral geht als ein sachlicher Beitrag über Qualzucht, dann rückt der Fokus in gefährliche Richtungen. Besonders Hybridrassen oder modische Fellfarben werden oft in ästhetisch perfekten Bildern gezeigt. So niedlich, dass man kaum wegsehen kann. Doch selten steht daneben: Dieser Hund stammt aus einer Massenvermehrung, seine Mutter lebt in einem verdreckten Käfig, sein Körper ist krankgezüchtet. Aber hey, schaut euch seine Knopfaugen an.

Stattdessen werden solche Bilder geliked, geteilt und als „Ziel" für die nächste Anschaffung abgespeichert. Während hinter den Kulissen unzählige Tierschützer:innen verzweifeln, weil sie mit den Folgen dieser Schönfärberei leben müssen: mit kaputten Körpern, unerträglicher Trennungsangst, neurologischen Auffälligkeiten. Und mit den gebrochenen Herzen jener, die sich auf „einfach nur einen süßen Hund" gefreut haben. Aber auch die andere Seite von Social Media ist nicht leichter: Kritik. Spott. Häme. Stimmen, die laut sind, hart, verletzend. Hasskommentare, in denen urplötzlich das Menschsein vergessen wird. In denen aus einer Überforderung heraus pauschal geurteilt, gespottet oder sogar beleidigt wird. Ja, sie treffen mich. Weil ich weiß, wie viel Herz, wie viel Kraft, wie viel Zweifel oft hinter einem einzigen Post stecken. Aber mit der Zeit habe ich gelernt: Diese Stimmen mögen laut sein, aber sie sind leer. Sie bewirken nichts. Sie helfen keinem Hund. Sie verändern keine Realität.

Ich habe schon Kommentare bekommen, in denen man sich über meine Stimme lustig macht. In denen geschrieben steht, dass ein rosa Halsband an einem Rüden „unprofessionell" sei. Dass die doppelte Sicherung, die im Ernstfall Leben rettet, „Bondage" sei – ein absurdes, verletzendes Wortspiel, das zeigt, wie schnell sich Menschen ein Urteil erlauben. Manche werfen mir vor, ich mache das alles nur für Klicks. Für Follower. Für Geld.

Was dabei untergeht: wie viele Stunden hinter jedem einzelnen Beitrag stecken. Dass ich nachts wach liege, wenn ein Hund nicht frisst. Dass ich mir den Kopf zerbreche, ob ein Video zu persönlich ist. Oder nicht persönlich genug. Dass ich Verantwortung übernehme, auch wenn niemand hinsieht. Und dass ich jeden dieser Hunde nicht nur mit der Kamera begleite, sondern mit meinem ganzen Herzen.

Kritik ist wichtig, keine Frage. Aber Social Media macht es leicht, den Menschen hinter dem Bildschirm zu vergessen. Die, die ihre eigene Wohnung zur Pflegestelle machen. Die, die beim Tierarzt nicht nur für ihre eigenen Hunde zahlen. Die, die in Portugal am Straßenrand anhalten, weil ein Schatten im Gebüsch verdächtig aussieht. Die, die nicht einfach „Content" produzieren. Sondern versuchen, Leben zu verändern.

Coco und Nut – ein (un)zertrennliches Duo

Wie bei Nut. Unser kleines Nüsschen, das mit acht Jahren zum ersten Mal eine echte Chance bekam. Eine Hündin mit dunklem Fell, zurückhaltend, alt – alles Kriterien, die ihre Vermittlung erschwerten. Zusammen mit ihrer Schwester Coco lebte sie seit 2019 auf der Pfötchenfarm bei Teresa. Zwei Hunde, die als zu ängstlich galten, um überhaupt vermittelt zu werden. Richtige Urgesteine, wie man im Tierschutz so sagt.

Doch Nut fing an, sich zu öffnen. Wenn Helfende an den Zaun kamen, stand sie plötzlich da: lächelnd – dieses typische „Dalmatinerlächeln“, das viele von euch kennen – und mit der Rute wedelnd, sich über den Besuch der Zweibeiner freuend.

Von da an durften beide online. Aber Sichtbarkeit ist keine Garantie. Jahre vergingen – keine einzige Anfrage. Ich ertappte mich bei jedem Farmbesuch dabei, wie ich vor ihrem Gehege stehen blieb. Wie ich dachte: Vielleicht jetzt? Vielleicht holen wir sie doch?

Das Interesse war da. Aber der Mut fehlte. Bei mir genauso wie bei Nut. Sie zeigte Interesse an Menschen, aber ihr fehlte der Mut zur echten Nähe. Bis die Anfrage von VOX kam: Eine mehrteilige Tierschutzdoku sollte entstehen. Zwei Pflegestellen – eine mit einem Welpen, eine mit einem Seniorhund. Ich wusste sofort: Das ist Nuts Chance, endlich gesehen zu werden. Endlich wirklich wahrgenommen. Aber das bedeutete auch: das Geschwisterpaar trennen. Und das, obwohl wir jahrelang versucht hatten, beide gemeinsam unterzubringen. Ohne Erfolg. Teresa und ich rangen mit der Entscheidung. Wir sprachen viel, wägten ab. Und am Ende war sie es, die mir schrieb: „Manchmal liegt das Glück darin, einen anderen Weg einzuschlagen.“

Also zog Nut im Oktober 2024 bei uns ein, begleitet von einem Kamerateam, das ihren Start in Deutschland dokumentierte. Wie immer entschied ich mich für Offenheit. Ich sprach über Nut und ihre Schwester Coco. Zeigte, wie eng die beiden waren. Und erklärte, warum erst einmal nur Nut einzog – dass Coco weiterhin auf der Suche nach einer passenden Pflegestelle war. Ich hoffe insgeheim, dass sich vielleicht durch die Sichtbarkeit doch noch etwas ergeben würde. Dass jemand sie entdecken und ihr einen Platz anbieten könnte, noch bevor Nut vermittelt wäre. Denn das konnte ja niemand vorhersehen: wie unglaublich schnell Nut sich entwickeln würde. Wie bereit sie wirklich war. Und wie rasch sie – nach all den Jahren ohne Anfrage – ihr perfektes Zuhause fand. Was dann kam, traf mich unerwartet. Man warf mir vor, Coco im Stich gelassen zu haben. Öffentlich. Per Mail. In privaten Nachrichten. Ich sei egoistisch. Herzlos. Keine echte Tierschützerin. Dass ich so transparent mit dieser Entscheidung umgegangen war, wurde mir zum Verhängnis. Aber ich war – und bin – überzeugt: Wer Veränderung will, muss ehrlich erzählen, wie Tierschutz wirklich aussieht. Auch wenn es unbequem ist. Auch wenn es nicht alle gutheißen. Was kaum jemand sah: wie schwer mir diese Entscheidung gefallen war. Wie viele Jahre wir es gemeinsam versucht hatten.

Wie genau wir überlegt haben, ob wir nicht doch beide aufnehmen könnten. Rafael und ich sprachen lange darüber. Wir hätten es wirklich gern getan. Aber zwei Pflegehunde – mit unseren eigenen Hunden, unseren Jobs, unserem Alltag –, das wäre nicht verantwortbar gewesen. Nicht Nut gegenüber. Nicht Coco gegenüber. Und auch nicht uns selbst gegenüber.

Ein Pflegehund, das war unsere Grenze. Nicht mehr. Nicht weniger. Und so kam Nut allein. Sie entwickelte sich prächtig, wurde sichtbar und hatte plötzlich das, was ihr all die Jahre verwehrt geblieben war: eine Anfrage. Und dann noch eine. Und irgendwann: ein Zuhause. Der Abschied von ihr fiel uns schwer, aber wir wussten, dass es genau der richtige Weg gewesen war. Nut überraschte uns in vielerlei Hinsicht. Trotz all der neuen Eindrücke und der Kameras, die sie von Anfang an begleiteten, zeigte sie sich ruhig, aufmerksam und erstaunlich souverän. Wöchentlich stand das Filmteam bei uns vor der Tür, mit riesigen Objektiven, buschigen Mikrofonen und dem typischen Drehtrubel. Wir hatten Sorge, wie sie damit umgehen würde, schließlich war sie bis vor Kurzem noch eine eher unsichere, zurückhaltende Hündin gewesen. Doch Nut meisterte jede einzelne Situation mit einer Ruhe, die sogar das Filmteam beeindruckte. Immer wieder wurde uns die gleiche Frage gestellt: „Habt ihr heimlich mit ihr geübt?“ Nein – hatten wir nicht. Nut hatte einfach von sich aus beschlossen, dass sie bereit war. Sie war in Wahrheit eine sehr menschenbezogene Hündin. Eine, die dir bedingungslos folgte, wenn du ihr die Möglichkeit gabst, dir zu vertrauen. Eine, die jeden Morgen mit ihrem typischen Dalmatinerlächeln auf dich zukam und fröhlich mit der Rute wedelte, sobald man sie begrüßte. Wenn sie Nähe suchte – und das tat sie oft –, legte sie ganz selbstverständlich ihre Pfote auf deinen Schoß, als wollte sie sagen: „Ich bin da. Und ich brauche jetzt ein bisschen Aufmerksamkeit.“ All das zeigte uns, dass es richtig gewesen war, Coco und Nut zu trennen, auch wenn diese Entscheidung schwer war. Denn nur so konnte Nut endlich in ihrem ganz eigenen Tempo sichtbar werden. Nur so bekam sie die Chance, wirklich wahrgenommen zu werden. Und nur so konnte sie am Ende genau das finden, worauf sie so lange gewartet hatte: ein Zuhause, das sie so liebt, wie sie ist.

Nur wenige Tage nach Nuts Auszug zog Coco bei uns ein. Endlich. Es war keine spontane Entscheidung, sondern eine bewusste – vielleicht sogar eine Art Wiedergutmachung. Denn auch wenn wir immer wieder versuchten, eine Pflegestelle für sie zu finden, meldete sich niemand. Trotz all der Kritik, der Vorwürfe, der verletzenden Kommentare, die mich teilweise bis heute begleiten, hatte sich für Coco niemand interessiert. Und so erlaubten wir uns keine Pause. Wir wussten: Wenn nicht jetzt, wann dann? Coco war noch immer die ängstlichere der beiden Schwestern. Während Nut im Tierheim begonnen hatte, auf Menschen zuzugehen, zu lächeln, zu wedeln, war Coco meist im Hintergrund geblieben. Sie hatte sich nie in den Vordergrund gedrängt, hatte sich immer sicher gefühlt – hinter dem Rücken ihrer Schwester. Diese Position hatte ihr ermöglicht, sich zu verstecken. Denn so musste sie nie mutig sein. Nie den ersten Schritt machen. Nie auffallen. Und genau deshalb hatte sie auch nie Fortschritte machen müssen. Doch jetzt, allein, war sie plötzlich gezwungen, ihren eigenen Weg zu finden. Und auch wenn dieser Weg anfangs von Unsicherheit und Rückzug geprägt war: Er war ihrer. Heute ist Coco kein Pflegehund mehr. Sie hat ihre Familie gefunden. Und auch wenn es vielleicht länger gedauert hat, auch wenn ihr Weg leiser war – er war genauso wertvoll. Und genau richtig für sie. Denn ohne ihr lebenslanges Schutzschild Nut hatte Coco plötzlich Raum, sich zu entfalten. Und was zum Vorschein kam, war eine Hündin, die nicht nur zaghaft vorwärtsging, sondern auch mutig war, auf ihre ganz eigene, stille Art. Coco liebte Nähe. Die unserer Hunde. Unsere. Besonders an den gemeinsamen Abenden auf der Couch, wenn sie sich in eine warme Decke kuschelte, ihre Pfote an unsere legte und tief durchatmete. Auch wenn die „komischen Menschen im Fernseher“ ihr anfangs ziemlich unheimlich waren, saß sie bei uns. Schaute mit uns zusammen ihren ganz eigenen Horrorfilm. Und traute sich, hinzusehen. Mit unseren Hunden als Lehrmeister blühte sie auch draußen auf. Wurde zur Entdeckerin. Schritt für Schritt. Und wer hätte das gedacht: Die zurückhaltende, vorsichtige Coco wird von ihrer Adoptantin heute liebevoll „Coco Cool" genannt – weil sie einfach alles so souverän meistert. Die einst schüchterne Hündin, die sich jahrelang hinter ihrer Schwester versteckt hatte, war plötzlich die Streberin auf dem Hundeplatz. Ausgerechnet beim Obedience-Training ist sie mit Feuereifer dabei, konzentriert, aufmerksam, ganz bei der Sache. Coco hat ihren Platz gefunden. In ihrer Familie, in dieser Welt. Und wir könnten nicht glücklicher darüber sein, dass wir sie auf diesem Weg begleiten durften.

Für die Trennung der beiden wurde ich beleidigt. Für die Entscheidung, nur einen Hund aufzunehmen, kritisiert. Aber was viele vergessen: Tierschutz ist nicht romantisch. Er ist nicht perfekt. Und manchmal bedeutet er, schwierige Entscheidungen zu treffen, um überhaupt eine Chance zu schaffen. Coco und Nut hätten ewig warten können, auf eine perfekte Lösung, die nie kam. Stattdessen haben sie beide ihren Weg gefunden. Nicht gemeinsam. Aber beide ins Glück. Mit der Adoption von Coco und Nut durften wir das Jahr 2024 auf die schönste Art abschließen. Noch vor Weihnachten zog Coco in ihr Zuhause – in die Nähe von München, viel zu weit weg von uns, wenn man auf die Karte schaut. Aber im Herzen ist sie uns bis heute ganz nah. Von Oktober bis Dezember 2024 haben uns die beiden begleitet und mit ihrer Geschichte, ihrem Mut und ihrer Entwicklung nicht nur unseren Alltag bereichert, sondern uns um zwei große Erfahrungen reicher gemacht. Erfahrungen, die bleiben. So wie die Liebe zu zwei Hündinnen, die lange übersehen wurden – und sich dann doch ihren Platz in der Welt erobert haben.

Und genau deshalb mache ich weiter.

Auch wenn man mich kritisiert.
Auch wenn nicht jeder sieht, was hinter alldem steckt.
Denn das hier ist nicht nur Content.
Das ist mein Herz.

Natürlich bleibt Social Media ein kraftvolles Werkzeug. Es kann mobilisieren, verbinden, aufklären. Es kann Hunde sichtbar machen, deren Geschichten sonst ungehört blieben. Aber es fordert auch viel: eine dicke Haut. Eine ruhige Stimme, auch wenn der Sturm tobt. Und den Mut, jeden Tag wieder aufzustehen und zu zeigen: Das hier ist nicht nur ein schönes Foto. Das hier ist Tierschutz.

Wahre Stärke zeigt sich nicht in Kommentaren oder großen Worten, sondern in kleinen, stillen Taten. Wenn jemand ein altes Körbchen spendet. Wenn sich jemand für einen Hund interessiert, den bisher niemand sehen wollte. Wenn jemand eine Nachricht schickt mit den Worten: „Ich habe lange gezweifelt. Aber ich helfe mit." Der wahre Wert unserer Arbeit liegt genau darin: dass wir gemeinsam kämpfen. Für mehr Sichtbarkeit. Für mehr Gerechtigkeit. Für ein besseres Leben. Für Hunde, die sonst keine Stimme hätten.

5.

Jetzt wird's ernst: Ein Hund zieht bei mir ein

Kein Märchen, sondern Mateo

Es war einmal ein kleiner Dreibeiner in Griechenland. Genauer gesagt: auf einer Autobahnraststätte auf Kreta. Dort lebte ein Welpe zusammen mit seiner Schwester in einem Pappkarton, umgeben von Müll, Autolärm und Ignoranz. Wie lange sie dort schon waren, weiß niemand. Aber es war wohl lang genug, dass das Elend für viele zur Randnotiz wurde, zu vertraut, um noch hinzusehen. Denn wer täglich vorbeigeht, ohne zu handeln, hat sich längst entschieden, nichts zu tun.

Bis eines Tages eine Frau an der Raststätte vorbeifuhr, die nicht wegsehen konnte. Sie hielt an, entdeckte die beiden Ministreuner und zögerte keine Sekunde. Als sie den kleinen Rüden hochnahm, machte sie eine erschütternde Entdeckung:

Ihm fehlte die linke Pfote. Die Schwester wirkte auf den ersten Blick unversehrt.

Die Frau brachte das Geschwisterpaar sofort in die Tierklinik. Die Diagnose: beide schwer von Würmern befallen. Daher die harten, aufgeblähten Bäuche. Und bei Mateos Stumpf war schnell klar: Die Verletzung war nicht angeboren. Der saubere Narbenverlauf sprach für einen Unfall. Oder etwas Schlimmeres. Über die Möglichkeiten möchte ich an dieser Stelle gar nicht weiter nachdenken.

Die Geschwister wurden im Tierheim Praxie's Promise aufgenommen und bekamen ihre ersten Namen: Toby und Tara. „Toby", benannt von seiner Patin nach dem gleichnamigen Dreibeiner aus dem Film Bailey – Ein Freund fürs Leben. Passender hätte man es nicht treffen können.

Das Tierheim in Griechenland wollte für Toby so schnell wie möglich medizinische Versorgung sichern, denn die Mittel vor Ort waren begrenzt, gerade bei einem Hund mit einer Behinderung wie ihm. Es war klar: Wenn er eine faire Chance bekommen sollte, musste er das Land verlassen. Die Tierschutzorganisation Straßenhunde Kreta nahm sich seiner an und begann, nach einem geeigneten Platz für ihn zu suchen. Seine Schwester Tara wurde kurz darauf adoptiert, sie lebt heute in England. Toby war gerade einmal drei Monate alt, als er nach Deutschland kam – auf eine liebevolle Pflegestelle. Dort bekam er auch seinen neuen Namen: Mateo. Vielleicht war es der Wunsch nach einem Neuanfang für den kleinen Streuner, vielleicht klang es einfach wärmer. Und so begann seine Reise. Eine Reise, die ihn nicht nur zurück ins Leben führte, sondern irgendwann auch direkt in unser Herz. Manchmal fühlt sich eine Begegnung wie ein Märchen an. Fast zu schön, zu zufällig, zu bedeutungsvoll, um echt zu sein. Und manchmal ist sie genau das, aber eben nicht ohne Stolpersteine, Unsicherheit und eine ganze Menge Realität.

Unsere erste Begegnung mit Mateo war kein geplanter Schritt auf dem Weg zum dritten Hund. Der Besuch war vielmehr das, was passiert, wenn man eigentlich „nur mal zu Besuch" ist. Bei Menschen, die man lange kennt, denen man vertraut und die sich wie wir auch für den Tierschutz engagieren. So hatten unsere Freunde gerade wieder einen Pflegehund aus Griechenland bei sich aufgenommen. Und da stand er nun, als wir ins Haus kamen. Oder besser gesagt: Da humpelte er nun. Auf drei Beinen, ein bisschen zerrupft, viel zu – wirklich viel zu – fett, ein bisschen verloren, und gleichzeitig mit diesem unglaublichen Strahlen im Gesicht, das sofort eine Wärme in mir auslöste, die ich nicht einordnen konnte.

Mateo.

Ich weiß noch genau, wie überrascht ich war, wie wenig „anders" Mateo wirkte. Ein dreibeiniger Hund? Sicher. Aber er hopste fröhlich durch die Gegend, spielte, tobte, war neugierig und frei. Als wäre alles völlig normal, und irgendwie war es das ja auch. Optisch ein belgischer Schäferhund im Miniformat. Mein absoluter Schwachpunkt, obwohl ich mir geschworen hatte, mich nie von Äußerlichkeiten blenden zu lassen. Belgische Schäferhunde sind wunderschön, keine Frage. Aber sie bringen meist ein Energielevel mit, das nur zu einem bestimmten Lebensstil passt. Und der war eben nicht meiner. Doch Mateo? Mateo war anders. Nicht nur, weil er nur drei Beine hatte. Sondern weil er eine Sanftheit ausstrahlte, die mir sofort den Boden unter den Füßen wegriss. In den Tagen, die wir bei unseren Freunden verbrachten, lernte ich Mateo besser kennen.

Auf unserer gemeinsamen Hunderunde sprang er durch die Gegend, als hätte er nie etwas anderes gemacht. Ich beobachtete, wie er mit Artgenossen spielte. Vorsichtig, freundlich, offen. Ich sah, wie er mit Menschen umging. Ohne Misstrauen, ohne Angst. Er war ... einfach Mateo. Als hätte ihn das Leben gezeichnet, ja, aber nicht gebrochen. Seine Bewegungen waren tapsig, aber mutig. Seine Augen wach, sein Wesen voller Leichtigkeit. Als wüsste er nichts von Mitleid und nichts davon, dass er vielleicht nicht „perfekt" war. Ich fuhr nach Hause mit einem dicken Kloß im Hals und einem Bauchgefühl, das ich versuchte zu ignorieren. Wir waren nur ein paar Tage bei unseren Freunden gewesen, hatten gar nicht geplant, irgendetwas zu entscheiden. Und doch ließ mich dieser kleine Hund nicht mehr los. Auf der Rückfahrt schweifte mein Blick immer wieder aus dem Fenster, aber eigentlich war ich längst woanders. Ich dachte an Mateo. Wie er mich angeschaut hatte. An seine Lebensfreude, die irgendwie unerschütterlich wirkte. Und an dieses Gefühl, das ich nicht ganz greifen konnte, das aber immer lauter wurde. Ein Hund mit drei Beinen? Ein dritter Hund? Wirklich? Ich wollte nicht kopflos entscheiden. Nicht aus Mitleid. Nicht aus Spontanität. Also redeten wir, Rafael und ich. Überlegten. „Was wäre, wenn er bei uns bleiben würde?" Wir besprachen Möglichkeiten.

Wenige Zeit später sahen wir unsere Freunde wieder, natürlich mit Mateo im Schlepptau, als sie auf ihrer Reise zu einem Orthopädiemechaniker in Hannover waren, der sich Mateos Stumpf anschauen und ihm seine erste Prothese bauen sollte. Ein wichtiger Schritt für den kleinen Kerl und ein erster, zaghafter Blick in eine Zukunft, in der er mehr Mobilität, mehr Freiheit, vielleicht sogar ein Stück Normalität erleben durfte.

Für uns war es ein Besuch wie jeder andere – und gleichzeitig überhaupt nicht. Mateo war gewachsen, neugierig wie eh und je. Er hatte sich weiter wie ein völlig „normaler“ Hund entwickelt. Keine Ängste. Keine Traumata. Keine Grenzen, die er sich selbst setzte. Er meisterte Stadtspaziergänge, Tierarztbesuche, Restaurants. Alles mit dieser neugierigen, sanften Art. „Ein perfekter Anfängerhund“, sagte meine Freundin. Oder ... ein perfekter Dritthund? Im Laufe dieser gemeinsamen Tage passierte schließlich etwas, das keine Liste, keine Logik, keine Vernunft mehr relativieren konnte: An einem Abend lagen Rafael und Mateo gemeinsam auf dem Boden, beide eingeschlafen. Mateo hatte seinen kleinen Stumpf in Rafaels Hand gelegt. Rafael hielt ihn, ganz selbstverständlich. Kein Zögern, kein „Ist das eklig?“, kein „Was mache ich jetzt mit diesem Hund?“. Einfach nur Nähe. Vertrauen. Ruhe. Ich saß daneben und wusste: Das ist keine Option mehr. Das ist entschieden.

Mit fünf Monaten bekam Mateo sein erstes künstliches Bein, mittels Spenden finanziert – und wir hatten unseren dritten Hund. Einen mit Geschichte. Einen mit Stumpf. Einen mit ganz viel Herz.

Einen wie keinen.

Und doch: So groß die Vorfreude war, so liebevoll die Entscheidung getroffen wurde, als Mateo dann tatsächlich einzog, kam alles anders als gedacht. Es gibt diesen Moment, den viele kennen, aber über den kaum jemand spricht: Der Hund, auf den man sich so sehr gefreut hat, ist endlich da. Man hat Pläne gemacht, Listen geschrieben, das Zuhause vorbereitet, sich auf Instagram Hunderte „First Day Home“-Reels angesehen. Man hat sich vorgestellt, wie harmonisch alles ablaufen wird. Und dann sitzt man plötzlich da, mittendrin im Chaos, und denkt sich: „Was habe ich mir da eigentlich eingebrockt?"

Genau so war es bei Mateo. Nur eben nicht wegen ihm.

Denn Mateo war genau wie immer: offen, verspielt, neugierig. Er hüpfte durch unser Zuhause, erkundete alles mit leuchtenden Augen und einem erstaunlichen Selbstbewusstsein. Er zeigte keine Angst, kein Zögern, kein Fremdeln.

Er war einfach da, als wäre er schon immer Teil von uns gewesen.

Aber genau das machte es für mich umso schwerer, mir meine Überforderung einzugestehen. Denn wenn der Hund alles richtig macht, was stimmt dann mit mir nicht?

Ich war überfordert, weil nichts so funktionierte, wie ich es mir vorgestellt hatte. Mateo schien mit seiner Prothese nicht zurechtzukommen. Er bewegte sich kaum damit, lief lieber auf drei Beinen. Ich wusste nicht, ob das normal war oder ob ich beim Anziehen der Prothese etwas falsch machte. An seinem Stumpf entdeckte ich eine kleine kahle Stelle, genau über dem Schienbein. Ich beobachtete sie, konnte sie aber nicht einordnen.

Bis ich nach ein paar Tagen feststellte: Jedes Mal, nachdem wir mit der Prothese geübt hatten, wurde diese Stelle größer. Erst eine kahle Fläche. Dann eine offene Wunde.

Und ich stand da, mit meinem Halbwissen, mit all meinen Fragen, mit dem Gefühl, völlig allein zu sein.

Aber ich war nicht nur innerlich überfordert. Auch von außen kam Druck. Unsere Familien standen nicht hinter der Entscheidung, Mateo zu adoptieren. Unsere Eltern waren enttäuscht, vielleicht sogar wütend. Sie machten sich Sorgen um unsere Zukunft: „Wie soll das mit drei Hunden gut gehen?" „Ihr findet doch jetzt schon kaum eine Wohnung, und mit drei Hunden ist das völlig unmöglich!“

Der Familienfrieden war tagelang zerrüttet. Die Stimmung angespannt. Ich fühlte mich, als müsste ich mich rechtfertigen, obwohl ich selbst noch nicht wusste, ob ich dieser Aufgabe wirklich gewachsen bin.

Ich war voller Zweifel, voller Fragen und fühlte mich allein mit der Verantwortung. Und doch war ich es nicht. Denn Rafael war da. Mit einer Klarheit und Zuversicht, die ich in dieser Zeit selbst nicht aufbringen konnte. Während ich noch zwischen Angst, Zweifel und Verantwortungsgefühl schwankte, hatte er längst gespürt, dass Mateo zu uns gehörte. Für ihn war es kein Wagnis, sondern eine Herzensentscheidung. Er mochte Mateo von Anfang an. Nicht trotz, sondern gerade wegen seiner besonderen Art. Für Rafael war klar: Dieser Hund bringt nicht nur eine Behinderung mit, sondern vor allem einen starken Willen, ein riesiges Herz und eine erstaunliche Lebensfreude. Ich weiß heute: Ohne seine Haltung, seine Ruhe, sein Vertrauen in uns als Familie hätte ich mich in dieser Phase vielleicht selbst verloren. Und genau deshalb war es auch unsere Entscheidung. Nur dass er mir die Zeit ließ, selbst dort anzukommen.

Ich erinnere mich an einen Abend in der ersten Woche. Mateo lag auf seiner Decke, und ich saß auf dem Küchenboden, heulend. Ich war überfordert mit der Verantwortung, mit dem Anspruch, mit der Angst, Fehler zu machen. Und gleichzeitig hatte ich das Gefühl, darüber nicht sprechen zu dürfen. Immerhin hatte ich mich doch bewusst für Mateo entschieden. War ich doch „erfahren“. Ich hatte bereits zwei Hunde, ich kannte mich aus. Oder?

In genau dieser Verzweiflung begann ich zu recherchieren. Stundenlang. Ich las mich durch Foren, suchte nach Bildern, verglich Druckstellen, versuchte herauszufinden, was ich übersehen haben könnte. Immer wieder kam der Gedanke auf, mich an Mateos Pflegestelle zu wenden. Sie hatten den Kontakt zum Prothesenbauer, sie kannten sich aus, wir waren schließlich befreundet. Aber ich brachte es nicht übers Herz. Ich wollte nicht, dass jemand merkte, wie sehr ich kämpfte. Ich wollte nicht, dass sich jemand Sorgen machte oder dachte, ich würde meine Entscheidung bereuen. Ich hatte so sehr gehofft, alles richtig zu machen. Und jetzt war da diese große Unsicherheit. Diese Angst, jemanden zu enttäuschen. Auch wenn Rafael hinter mir stand, es war mein Wunsch gewesen, meine Entscheidung. Ich wollte ihn nicht belasten, nicht das Gefühl wecken, er müsse etwas ausbaden, was ich vielleicht übereilt entschieden hatte. Ich wollte nicht, dass seine Unterstützung sich wie ein Fehler anfühlte. Für ihn oder für mich. Also versuchte ich, das alles allein zu tragen. Für Mateo trug ich die Verantwortung. Und in diesem Moment fühlte sich das größer an als alles, was ich vorher getragen hatte. Also recherchierte ich weiter, bis ich – nach einigem Suchen – von selbst auf Nils Kasten stieß, den Prothesenbauer, mit dem auch Mateos Pflegestelle in Kontakt stand. Heute ist Nils auf die Versorgung von Hunden spezialisiert, doch angefangen hat alles mit Mateo. Ich schrieb ihm, schilderte das Problem, schickte Fotos. Und zum ersten Mal seit Tagen hatte ich das Gefühl: Ich muss das nicht allein lösen. Es gibt Menschen, die helfen können.

Diese Zeit hat mir gezeigt, wie viel Mut es braucht, sich einzugestehen, dass man überfordert ist, obwohl man sich doch so gut vorbereitet hat. Wie weh es tut, wenn man nicht auf Rückhalt trifft. Und wie wichtig es ist, trotzdem seinen eigenen Weg zu gehen. Denn Mateo war perfekt, so wie er war. Und zum Glück war da Rafael. Mein Fels in der Brandung. Während ich kurz davor war, tränenüberströmt das Handtuch zu werfen, hat er mich aufgefangen. Hat mich erinnert, warum wir Mateo aufgenommen hatten. Hat mir gesagt: „Wir schaffen das. Gemeinsam." Auch wenn unsere Eltern anderer Meinung waren. Auch wenn es unbequem wurde. Auch wenn alles anders lief als geplant. In dem Moment wurde mir klar, wie sehr man aneinander wachsen kann – wenn einer wankt und der andere hält. Aber auch mit Rückhalt und Überzeugung war der Weg alles andere als leicht. Ich musste erst lernen, dass ich nicht perfekt sein muss, um eine gute Hundehalterin zu sein. Heute weiß ich: Es ist okay, überfordert zu sein.

Es ist okay zu zweifeln. Es ist sogar okay zu bereuen, zumindest für einen Moment. Denn genau da beginnt echte Verbindung. Nicht in der Illusion von Perfektion, sondern im ehrlichen Hinschauen.

Zwei Wochen nach Mateos Einzug fuhren wir nach Hannover zu Nils. Die Druckstelle an seinem Stumpf hatte sich vergrößert, und ich machte mir ernsthaft Sorgen. Ich erinnere mich noch genau an die Autofahrt: Mateo saß angeschnallt auf der Rückbank, eingerollt in seine Decke, den Kopf aufgestützt, die Augen halb geschlossen. Sein Vertrauen war spürbar. Ich dagegen war angespannt, nervös, innerlich völlig aufgewühlt.

Was, wenn es schlimmer geworden war?

Was, wenn ich es war, die dafür verantwortlich war?

Was, wenn Mateo mir signalisieren wollte, dass er Schmerzen hatte, und ich es einfach nicht bemerkte?

In Hannover erwartete uns kein erhobener Zeigefinger, sondern ein Lächeln. Nils war ruhig, freundlich, pragmatisch. Kein Drama, kein Urteil. Nur eine fachliche Einschätzung und ganz viel Geduld. Es war das erste Mal, dass wir uns persönlich begegneten. Ich war nervös, nicht wegen Mateo, sondern wegen allem. Ich hatte keine Ahnung, was mich erwartete. Und dann stand ich plötzlich da, mit diesem Jungspund an meiner Seite, mitten in einer fremden Stadt, mit klopfendem Herzen. Doch schon nach den ersten Minuten wich meine Anspannung einem Gefühl von: Wir sind hier genau richtig. Nils nahm sich Zeit. Er nahm Mateos Prothese auseinander, betrachtete den Stumpf, nickte nur kurz und begann, nachzujustieren.

Er erklärte mir Schritt für Schritt, was er veränderte. Warum es zu dieser Druckstelle gekommen sein könnte. Was wir künftig beachten sollten. Ich stellte Fragen. Viele. Vielleicht zu viele. Aber Nils nahm sie alle ernst und beantwortete jede einzelne so, dass ich sie verstand. Kein Fachjargon, keine Ungeduld. Nur echtes Interesse daran, dass ich begreife, was Mateo braucht und wie ich ihm helfen kann. Zum ersten Mal fühlte ich mich nicht wie jemand, der überfordert ist, sondern wie jemand, der lernen kann. Wir blieben noch eine Weile, redeten über Mateos Zukunft, über Anpassungen, über Möglichkeiten. Und irgendwann, als alles gesagt war, verließen wir die Praxis. Mateo lief tapsig neben mir her, als wäre das alles das Normalste auf der Welt. Die Rückfahrt verlief ruhig, Mateo schlief tief und fest. Ein friedlicher Schlaf, der mir zeigte: Er fühlte sich sicher. Und ich? Ich saß am Steuer, furchtbar müde vom Tag, aber mit einem neuen Gefühl in mir. Es war nicht Euphorie, nicht Erleichterung. Es war etwas Leiseres. Etwas Stärkeres. Ich spürte, wie sich langsam ein Knoten in mir löste. Der Knoten aus Selbstzweifeln, Unsicherheit und dem lähmenden Gedanken, nicht genug zu sein. Vielleicht, dachte ich, wachsen wir nicht durch perfekte Momente. Sondern durch die, in denen wir uns überfordert fühlen und trotzdem weitermachen. Noch immer war vieles unklar. Aber vielleicht ist das hier genau richtig so. Nicht, weil es einfach ist. Nicht, weil wir alles im Griff haben. Sondern weil wir gemeinsam wachsen. Nicht durch Harmonie, sondern durch das gemeinsame Stolpern. Weil das Vertrauen, das Mateo mir schenkte, nicht auf Perfektion beruhte, sondern auf dem Wunsch, es gemeinsam zu versuchen. Und das war mehr, als ich in dem Moment von mir selbst erwartet hätte. Vielleicht war genau das der Anfang von allem. Nicht zu wissen, was kommt, und trotzdem loszugehen. Es braucht Mut, Dinge zu tun, obwohl man keine Ahnung hat. Mateo war unser dritter Hund. Aber gleichzeitig war er unser erster in so vielerlei Hinsicht. Unser erster mit einer amputierten Pfote. Unser erster mit einer Prothese. Unser erster mit dieser Vorgeschichte. Mit dieser körperlichen Herausforderung. Mit dieser stillen Selbstverständlichkeit, mit der er allem zum Trotz durchs Leben ging. Und ich war zum ersten Mal konfrontiert mit einer bitteren Erkenntnis: Liebe allein reicht nicht. Sie ist der Anfang, aber sie reicht nicht.

Nicht, wenn es darum geht, Verantwortung zu übernehmen. Nicht, wenn man einem Tier mit Behinderung ein stabiles Leben schenken will. Liebe muss übersetzt werden: in Wissen, Geduld, Präsenz. In Entscheidungen, die nicht romantisch sind, sondern real. In Fragen, auf die man keine Antworten hat, aber bereit ist, sie zu suchen.

Ich hatte keine Ahnung, wie man einen dreibeinigen Hund richtig auslastet. Ich wusste nicht, wie viel Bewegung gut für ihn ist. Ob zu viel schaden würde. Oder zu wenig. Die Herausforderung war nicht, dass Mateo eingeschränkt war, ganz im Gegenteil. Er war agil, lebendig, voller Energie. Er liebte es zu toben, mit anderen Hunden rumzufetzen, immer mitten im Geschehen zu sein. Egal wohin wir gingen: Mateo wollte mit. Dabei sein. Er war kein Hund, der sich in Watte packen ließ, und genau das machte es so schwer, die Balance zu finden zwischen Schutz und Freiheit, zwischen Fördern und Überfordern. Manchmal hatte ich Angst, ihn zu bremsen. Und manchmal war ich unsicher, ob ich ihm zu viel zumutete. Es war ein ständiges Austarieren, ein vorsichtiges Herantasten. Es gab kein Handbuch, keine Checkliste und schon gar keine für Hunde wie Mateo. Nicht einmal unsere Tierärztin konnte uns sagen, wie viel richtig oder falsch war. Ich wusste nicht, wie ich seine verbliebene Schulter entlaste, damit sie nicht irgendwann überlastet wird. Ich wusste nicht, wie lange er die Prothese tragen sollte. Ob sie ihm wirklich half oder nur mir das Gefühl gab, „etwas getan zu haben". Ich wusste nicht, ob er je so laufen würde wie andere Hunde oder ob dieser Gedanke überhaupt relevant war. Aber ich wusste eines ganz sicher: Ich will es lernen. Nicht für mich. Für ihn. Weil er mir täglich zeigte, dass er keine Angst hatte. Dass er sich nicht als behindert verstand. Dass er einfach nur leben wollte. In Bewegung, in Begegnung, in Verbindung. Und ich? Ich wollte ihm die Welt zeigen. Aber auf eine Art, die ihn nicht kaputt machte. Also stellte ich Fragen. Ich recherchierte. Ich schrieb Nils. Ich suchte Austausch. Ich beobachtete Mateo genau, und irgendwann lernte ich, seinen Bewegungen zu trauen. Seiner Körpersprache. Seinem Rhythmus.

Nicht jedes Stolpern bedeutete Schmerz. Nicht jeder Hüpfer war Übermut. Manches war einfach nur: Leben, auf seine ganz eigene Weise.

Mut heißt nicht, keine Angst zu haben.

Mut heißt, es trotzdem zu tun.

Und Mateo?

Der zeigte mir, dass man auch auf drei Beinen voller Kraft und Leichtigkeit durchs Leben gehen kann, wenn nur jemand an der Seite ist, der mitgeht. Auch wenn er keine Ahnung hat. Rückblickend war diese Phase eine der prägendsten meines Lebens. Nicht nur, weil ich so viel über Hunde mit Behinderung gelernt habe, sondern weil ich so viel über mich selbst gelernt habe. Ich habe gelernt, Kontrolle loszulassen. Hilfe anzunehmen. Zu fragen, auch wenn ich mich dumm dabei fühlte. Ich habe gelernt, Fehler auszuhalten, ohne sie mit Selbstvorwürfen zuzudecken. Ich habe gelernt, genauer hinzusehen. Weniger zu bewerten. Ich habe gelernt, dass echte Verbindung nicht in der Perfektion entsteht, sondern im ehrlichen Bemühen. Mateo hat mich nicht nur als Hundehalterin verändert, sondern auch als Mensch. Er hat mir gezeigt, dass es okay ist, am Anfang zu straucheln. Dass Stolz nicht darin liegt, alles zu wissen, sondern darin, nicht aufzugeben, während man lernt. Und dass manchmal genau das die Art von Liebe ist, die wirklich trägt: eine, die mutig ist, weil sie ehrlich ist. Denn offen gesagt: Die Realität sieht oft ganz anders aus als die Bilder im Kopf. Ich war mir sicher: Instagram wollte die leichten Momente sehen. Die Erfolge. Die süßen Begegnungen. Die ersten wackeligen, aber triumphalen Schritte auf der Prothese. Das friedliche Zusammenkuscheln auf dem Sofa, am besten mit einem passenden Filter. Die Spaziergänge durch goldenes

Herbstlaub. Was es nicht sehen wollte – und weswegen ich sie ganz tief in meinem Inneren verschlossen hatte –, waren die Stunden davor und danach. Das schlechte Gewissen, als ich überfordert war und mich für Gedanken schämte, die ich niemandem erzählen konnte. Die Unsicherheit in der Nacht, als ich wach lag und mich fragte, ob ich Mateo zu viel zugemutet hatte. Das Gefühl, dass alle anderen es irgendwie besser hinbekommen.

Ich habe damals tagelang nichts gepostet, nachdem Mateo eingezogen war. Nicht, weil ich nichts zu sagen hatte, im Gegenteil. Sondern weil ich nicht wusste, wie viel ich sagen darf. Wie ehrlich ich sein darf. Wie viel Unsicherheit in Ordnung ist, wenn einem plötzlich so viele Menschen zusehen. Ich habe diese Bilder nicht geteilt. Nicht, weil sie nicht existierten – sondern weil sie schwer zu greifen, schwer zu zeigen und noch schwerer zu erklären waren. Hinter einem großen Account steckt nicht nur Sichtbarkeit, sondern auch Verantwortung. Eine Erwartung an Haltung, an Wissen, an Stärke. Und plötzlich ist da die Angst zu versagen, nicht nur für sich selbst, sondern vor allen anderen. Ich haderte lange mit dem Wiedereinstieg: Was kann ich erzählen, ohne verurteilt zu werden? Was darf ich zeigen, ohne dass mein eigenes Gefühl von Scheitern noch größer wird? Dabei vergessen wir so schnell, dass auch hinter Bildern Stärke oft still ist. Dass wahre Verbindung nicht durch perfekte Fassaden entsteht, sondern durch ehrliches Teilen. Von dem, was wirklich ist. Dann, nach mehreren Wochen Pause, habe ich einfach irgendwann wieder angesetzt – irgendwo, mittendrin. Ich hatte Mateos Einzug für mich verarbeitet, zumindest so gut es ging, und der Alltag war zurück. Aber so wie jetzt, so wie hier, habe ich darüber nie gesprochen. Ich habe vieles für mich behalten. Vielleicht aus Selbstschutz, vielleicht aus Angst, dass es nicht verstanden wird. Diese Unsicherheiten, das Zögern, die Angst, etwas Falsches zu zeigen oder zu sagen, sie sind Teil der Realität, die auf Social Media kaum sichtbar ist. Weil man sich verletzlich machen muss, um sie zu zeigen. Und weil man nie weiß, wie viel davon andere wirklich sehen wollen. Oder aushalten können. Aber genau deshalb ist es so wichtig, auch diese Seite zu erzählen. Denn sie gehört dazu. Sie ist nicht weniger wahr als all die schönen, leichten, gelungenen Momente – sie ist nur schwerer zu teilen. Und doch liegt in ihr oft das, was am tiefsten verbindet. Es zeigt nicht die Realität. Oder besser gesagt: nicht diese Realität. Denn sie ist nicht hübsch, nicht leicht, nicht selbsterklärend, aber sie ist echt. Und sie ist oft genau der Ort, an dem das wächst, was wirklich trägt: Verbindung. Verantwortung. Vertrauen.

Deshalb ist auch dieses Kapitel wichtig. Nicht als Mahnung, nicht als Dämpfer. Sondern als Einladung, hinter die Hochglanzfassade zu schauen. Denn wenn du bereit bist, die Romantik loszulassen, die du dir im Kopf zusammengesponnen hast, entsteht Platz für etwas viel Größeres: für eine Liebe, die bleibt. Auch wenn sie nicht immer schön aussieht. Für eine Nähe, die nicht von perfekten Momenten lebt, sondern von gemeinsam durchgestandenen. Für eine Beziehung, die nicht auf Erwartungen basiert, sondern auf echtem Kennenlernen. Wenn man zulässt, dass etwas nicht perfekt läuft, fängt oft genau da etwas wirklich Wertvolles an. Etwas, das man nicht auf Instagram sehen kann.

Aber im Herzen spürt. Und dann beginnt er, der Alltag. Nicht der romantisierte, den man sich im Kopf ausgemalt hat, sondern der echte, mit all seinen kleinen Stolpersteinen. Der Alltag mit einem Hund, der eine Pfote weniger hat. Mit einem Hund, für den viele Dinge möglich sind, aber eben nicht selbstverständlich. Am Anfang dachten wir, es sei lediglich eine Frage der Prothese. Einmal angepasst, einmal geübt, und dann würde Mateo damit einfach laufen. Wir hatten uns vorgestellt: Die Prothese wird sein neues Bein. Er wird sie anziehen wie eine Jacke, fremd vielleicht anfangs, aber mit der Zeit ganz normal. Aber der Alltag zeigte uns schnell: Die erste Versorgung ist nie das Ende, sondern immer erst der Anfang. Mateos Prothese war nicht nur ein Hilfsmittel. Sie war ein kleines technisches Wunderwerk. Individuell gefertigt, liebevoll angepasst, aus modernstem Carbon. Und trotzdem war sie zu Beginn vor allem eines: ein Fremdkörper für Mateo.

Eine Prothese ist kein Schalter, den man umlegt. Sie ist kein endgültiger Zustand, sondern ein Prozess. Eine tägliche Entscheidung, ein ständiges Beobachten und Anpassen. Mateos Stumpf musste gepflegt und kontrolliert werden. Jeden einzelnen Tag. War da eine neue Rötung? Ein Scheuerpunkt? Eine raue Stelle? Jede kleine Veränderung konnte bedeuten, dass etwas nicht passte. Und „nicht passen" bedeutete in diesem Zusammenhang nicht einfach nur „ein bisschen unbequem", sondern womöglich schmerzhaft oder sogar gefährlich.

Wir haben schnell gemerkt: Nicht die Prothese muss sich an den Hund anpassen, sondern wir müssen uns gegenseitig aufeinander einstellen. Der Hund, die Menschen, die gemeinsame Routine. Was auf Social Media gern als Erfolgsgeschichte mit strahlendem Happy End gezeigt wird, ist in Wahrheit ein Weg mit unzähligen Zwischenschritten. Wir mussten herausfinden, wie lange Mateo die Prothese tragen kann, welche

Gangart funktioniert und welche nicht. Wie man erkennt, wenn er überfordert ist. Wie man ihn schützt, ohne ihn zu hemmen. Wie man Alltag neu denkt, ohne dabei alles auf den Kopf zu stellen. Und dann war da noch das, was von außen kam: Wenn wir mit Mateo unterwegs waren, hörten wir ständig Kommentare wie „Der Hund hat ein Bein gebrochen", „Der Arme, der ist verletzt" oder „Guck mal, Mama, der Hund hat da was am Bein". Selten sagte mal jemand, was wirklich los war: Mateo fehlt eine Pfote, und er trägt eine Prothese. Warum das niemand so aussprach? Weil das meiste, was wir hörten, aus Mitleid kam. Immer wieder. Sätze, die mitfühlend gemeint waren, die aber so viel über den Blick der Gesellschaft auf Behinderung verrieten. Kaum jemand sah die Arbeit hinter der Prothese. Dass sie für Mateo etwas Gutes war. Dass sie ihm half. Dass sie ihm ein Stück Freiheit gab. Dass Mateo seine Behinderung egal war. Was viele sahen, war nur das: der arme Hund. Der tut einem leid.

Ich hatte einmal eine Begegnung, die ich nie vergessen werde. Wir waren mit Mateo im Einkaufszentrum. Nichts Besonderes, wir hatten uns nichts dabei gedacht. Die Blicke, die man uns zuwarf, waren wir gewohnt, und es war okay. Die Leute durften ruhig sehen, dass es so was gibt: einen Hund mit Prothese. Der damit gut klarkam. Rafael ging noch schnell ein paar Sachen fürs Abendessen einkaufen, und ich wartete mit Mateo vor dem Supermarkt. Da kam ein Mann auf uns zu. Fragte, was Mateo da tragen würde. Was mit ihm passiert sei. Ich erzählte ihm Mateos Geschichte. Im Glauben, er würde sich wirklich dafür interessieren. Doch plötzlich unterbrach er mich. Fragte: „Aber ist das eine gute Lösung?" Ich stockte. Sah ihn verwirrt an. Für mich war die Antwort so klar wie einfach. „Ja?“, antwortete ich. Er schüttelte den Kopf. „Aber der Hund kriegt seine Pfote doch nicht wieder. Er sollte ... na ja ... du weißt schon. Er sollte nicht hier sein.“ Ich konnte nichts sagen. Die Worte blieben mir im Hals stecken. Zum Glück kam in genau diesem Moment Rafael mit dem Einkauf zurück, und der Mann drehte sich einfach um und ging. Rafael sah sofort, dass etwas nicht stimmte. Fragte, ob alles okay sei. Ich konnte nur nicken. Und schwieg. Erst ein paar Tage später erzählte ich ihm, was passiert war. Bis heute weiß ich nicht, was mich in dem Moment mehr verletzt hat: die Aussage selbst oder dass ich nicht darauf reagiert habe. Denn leider ist diese Art zu denken kein Einzelfall. Auch wenn sich kaum jemand so direkt und kalt ausdrückt wie dieser Mann, schwingt genau dieser Gedanke immer wieder mit. Die Vorstellung, dass ein Tier mit Behinderung „kein schönes Leben haben kann“. Dass es besser sei, es „gehen zu lassen“. Dass Mitleid und Beendigung desselben manchmal als Gnade verkauft werden, obwohl sie in Wahrheit nur Ausdruck von Überforderung oder mangelnder Vorstellungskraft sind. Gesellschaftlich sind Hunde mit Behinderung oft nicht vorgesehen. Es gibt keine Vorbilder, keine selbstverständliche Sichtbarkeit, keine Geschichten, in denen sie einfach dazugehören – ohne dass man sich rechtfertigen oder erklären muss. Stattdessen begegnen einem Mitleid, Zweifel, Ablehnung. Oder Schweigen. Und genau deshalb ist es so wichtig, dass Mateo nicht nur da ist, sondern auch sichtbar. Dass er nicht zu Hause bleibt, damit niemand sich unwohl fühlt, sondern dass er mitkommt. In die Stadt, ins Café, ans Meer. Dorthin, wo man ihn sieht. Wo Menschen Fragen stellen dürfen, wo Gespräche entstehen, wo Verständnis wachsen kann. Deshalb erzählen wir auf unserem

Account unsere Geschichte. Nicht, um Aufmerksamkeit zu bekommen, sondern um etwas zu bewegen. Um zu zeigen, dass Behinderung nicht das Ende ist, sondern ein anderer Anfang. Dass Mateo nicht leidet, sondern lebt. Und dass es nicht Schwäche ist, sich auf ein Leben mit Einschränkungen einzulassen, sondern eine Form von Mut, Liebe und Entscheidung, die vielleicht nicht jede:r trifft, aber viele verstehen lernen können. Mateo muss gesehen werden. Nicht, weil er Mitleid braucht. Sondern weil er all das verkörpert, was vielen fehlt: Resilienz, Leichtigkeit, Selbstverständlichkeit im Anderssein. Und weil er die Fragen aufwirft, die wir uns viel zu selten stellen: Was ist Lebensqualität? Wer entscheidet darüber? Und was, wenn derjenige, den wir am meisten unterschätzen, längst seine eigene Antwort gefunden hat? Vielleicht ist genau das der Grund, warum so wenige wirklich verstehen, was hinter einer Prothese steckt. Weil man nur sieht, dass sie da ist – nicht, wie viel dahintersteckt. Nicht nur emotional, sondern auch technisch. Denn so leicht und selbstverständlich, wie Mateo heute damit läuft, war es ganz und gar nicht. Eine Prothese besteht aus mehreren Komponenten. Der Schaft aus Carbon ist das Herzstück. Leicht, robust, flexibel. Innen liegt ein Silikonliner, der wie eine Socke über den Stumpf gezogen wird und direkten Hautkontakt hat. Außen sorgt eine elastische Feder, der sogenannte Carbonfuß, für Dämpfung und eine gewisse Energie-Rückgewinnung. Damit wird nicht nur Belastung abgefedert, sondern auch Bewegung erleichtert. Alles wird über ein Klettverschlusssystem verschlossen. Und ja – das Ganze hält. Weil es Maßarbeit ist. Weil Mateo es gelernt hat. Und weil wir gelernt haben, ihn damit zu begleiten. Auch das war ein Weg, der seinen Anfang nahm, als der sechs Monate alte Mateo aus Griechenland zu uns kam, noch mitten im Wachstum. Was mir früher Angst gemacht hätte, Druckstellen, Gelenkwinkel, Carbonfedern, wurde mit der Zeit zu etwas Vertrautem. Ich habe Begriffe gelernt, Pflegeabläufe verinnerlicht, Mateos Körpersprache besser gelesen. Die Mobilitätsklasse, die Mateo bekam, ist die höchste: uneingeschränkter Außenbereichsgeher mit besonders hohen Funktionsansprüchen. Das heißt: Er darf alles. Toben, raufen, rennen. Vorausgesetzt, das Material hält. In unregelmäßigen Abständen muss die Sohle am Carbonfuß ausgetauscht werden, weil sie sich – wie bei einem ganz normalen Schuh – mit der Zeit abläuft. Dafür gehen wir zu unserer Schusterin des Vertrauens, die uns die Sohle für sieben Euro in wenigen Tagen erneuert. Immer so schnell wie möglich, damit Mateo mobil bleibt und keine Pause einlegen muss. Eine neue Prothese kostet je nach Material und Anbieter zwischen 600 und 2.000 Euro, Anpassungen und Ersatzteile nicht mitgerechnet. Es ist ein erheblicher Aufwand. Und trotzdem würde ich es jederzeit wieder tun. Die Prothese ist zwar nicht zwingend notwendig, Mateo kommt auch ohne klar. Er hat gelernt, sich auf drei Beinen zu bewegen. Schnell, geschickt, voller Energie. Dennoch ist die Prothese weit mehr als nur ein „Hilfsmittel". Sie entlastet sein verbliebenes Vorderbein, das sonst die komplette Last seines Körpers allein tragen muss. Auf Dauer würde das zu einseitiger Belastung führen, mit schmerzhaften Folgen: Abnutzung der Gelenke, Verspannungen, Fehlhaltungen, vorzeitiger Verschleiß. Ohne Prothese muss Mateo sein Gewicht ständig ausgleichen. Mit Schulter, Rücken und Hüfte. Die Folge: eine permanente Schieflage im Körper, die man nicht unbedingt sieht, aber spürt. An seiner Haltung, seiner Ausdauer, seiner Erschöpfung nach einem langen Tag. Die Prothese gibt nicht nur Stabilität beim Gehen, sondern auch Balance im ganzen Bewegungsapparat. Sie sorgt dafür, dass er sein natürliches Gangbild näher beibehält und keine Überlastung entsteht. Und sie schenkt uns gemeinsam Zeit: auf langen Spaziergängen, bei Wanderungen, im Alltag. Sie ermöglicht ihm, einfach Hund zu sein. Und mir, ihn nicht ständig bremsen zu müssen aus Angst vor Überlastung. Kurz gesagt: Die Prothese schenkt Mateo nicht nur Mobilität, sondern auch langfristig Lebensqualität. Und genau deswegen gehört sie zu ihm, auch wenn er sie nicht immer trägt. Was sich bereits heute bezahlt macht: Mateo wird dieses Jahr sieben Jahre alt und ist noch immer frei von Gelenkproblemen. Gesundheitlich ist er so fit, dass meine Tierärztin regelmäßig ins Staunen gerät. Wir laufen nicht selten zehn Kilometer, täglich sind es über fünf, und Mateo ist jeden Tag dabei. Voller Energie, voller Lebensfreude. Zwischen Idealismus und Alltag, zwischen Technik und Gefühl, haben wir einen Weg gefunden. Nicht perfekt. Aber passend. Für ihn. Für uns. Und für ein Leben, das wir nie geplant hatten, aber heute nicht mehr missen möchten.

Nach den ersten Monaten mit Mateo wurde mir klar, wie tief gesellschaftliche Vorstellungen davon reichen, was ein Hund mit Behinderung braucht und was nicht. Auch wir hatten damit zu ringen. Denn obwohl Mateo in seiner ersten Pflegestelle, unseren Freunden, liebevoll umsorgt und mit großem Engagement begleitet wurde, entstanden nach und nach Spannungen. Ihre Sicht auf seine Bedürfnisse war geprägt von Vorsicht und dem Wunsch, ihn zu schützen. Unsere hingegen war stärker von dem Vertrauen getragen, dass Mateo wachsen durfte, wenn man ihn ließ: mit all seinen Besonderheiten, aber auch mit seinem Lebenswillen. Zwei Perspektiven, beide aus Liebe geboren, und doch so verschieden, dass sie sich irgendwann nicht mehr vereinen ließen. Es war ein schmerzhafter Bruch. Denn Mateos Pflegestelle war nicht irgendeine Station. Es waren Menschen, die ihn geprägt und getragen hatten, als er es am meisten brauchte. Der Abschied fiel uns schwer. Aber manchmal bedeutet Verantwortung eben auch, loszulassen – in Achtung voreinander, nicht aus Groll. Und zu akzeptieren, dass es nicht nur einen richtigen Weg gibt. Sondern viele – und dass man manchmal den eigenen gehen muss, auch wenn er wehtut. Heute weiß ich: Verantwortung bedeutet nicht nur Fürsorge, sondern auch Mut. Mut, loszulassen, wenn es nötig ist. Mut, auf sich selbst zu hören und das Wohl des Hundes dabei nie aus den Augen zu verlieren. Und vor allem: die Liebe, die bleibt, auch wenn Wege auseinandergehen. Denn manchmal sind es gerade diese Brüche, die Raum schaffen für Neues. Für Freiheit. Für Wachstum. Für ein Miteinander, das ehrlich und echt ist, jenseits von Idealvorstellungen. Mateos Geschichte lehrt mich jeden Tag, dass der Weg nicht immer geradeaus führt. Dass wir manchmal Umwege gehen müssen, um anzukommen. Und dass wahre Nähe entsteht, wenn wir den Mut haben, uns mit all unseren Schwächen, Zweifeln und Hoffnungen zu zeigen. Genau das macht unsere Verbindung so besonders. Roh, echt und unzerbrechlich.

Mateos Geschichte zeigt, dass hinter jeder Adoption ein langer Weg voller Emotionen, Herausforderungen und Entscheidungen steckt. Doch der wichtigste Schritt folgt erst jetzt: der Moment, in dem der Hund wirklich bei dir einzieht und das gemeinsame Leben beginnt. Denn das heißt nicht nur, eine

Entscheidung zu treffen. Es bedeutet, einen Alltag zu gestalten, in dem Vertrauen wachsen kann, in dem Nähe und Sicherheit Platz finden, und in dem man zusammen lernt, sich aufeinander einzustellen.

Mateo hat uns gezeigt, dass das Ankommen eines Hundes mit Behinderung eine besondere Aufgabe ist. Doch es ist auch eine Chance: für Nähe, für Wachstum und für eine Verbindung, die auf ganz eigene Weise besonders ist. Wie genau dieser Start aussehen kann, welche Stolpersteine warten und wie man ihnen begegnet, damit beschäftigen wir uns auf den nächsten Seiten.

Die ersten 100 Tage: Ein Leitfaden

Ein Hund zieht bei dir ein. Vielleicht zum ersten Mal, vielleicht zum dritten. Vielleicht hast du dich vorbereitet, vielleicht kam alles schneller als gedacht. Vielleicht bist du voller Vorfreude, vielleicht auch ein bisschen überfordert. So oder so: Die ersten Wochen sind entscheidend. Sie legen das Fundament für alles, was danach kommt. Dieses Kapitel ist kein Rezeptbuch, kein starres Regelwerk. Es ist eine Einladung, hinzusehen. Zu verstehen, was in deinem neuen Familienmitglied vorgeht und was in dir. Denn Ankommen ist ein Prozess, für beide Seiten. Und er braucht vor allem eins: Zeit, Geduld und bisschen mehr Nachsicht, als man vielleicht dachte.

Die genannten Zeiträume in diesem Leitfaden dienen nur als grobe Orientierung. Manchmal dauert das Ankommen länger – aus einer geplanten Woche werden schnell drei oder vier. Und das ist völlig okay. Wichtig ist nicht, wie schnell ihr vorankommt, sondern dass ihr gemeinsam unterwegs seid.

Woche 1–2: Ankommen lassen

„Nicht alles, was sich am Anfang falsch anfühlt, ist wirklich falsch. Manchmal ist es einfach nur neu.“

Die ersten Tage mit einem neuen Hund fühlen sich oft an wie ein kleiner Ausnahmezustand. Auf die Aufregung und das Hochgefühl beim Einzug folgt nicht selten ein emotionaler Einbruch, sowohl beim Menschen als auch beim Hund. Die Wochen der Vorbereitung liegen hinter einem, die Listen sind abgehakt, das Körbchen steht bereit, der Futternapf ist gefüllt. Und plötzlich ist er da. Der Hund, auf den man sich so lange gefreut hat. Nur fühlt sich alles ganz anders an als erwartet.

Viele Hunde stehen in den ersten Tagen unter Strom. Sie sind reizüberflutet, verunsichert, versuchen sich zu orientieren und zeigen das ganz unterschiedlich. Manche sind überdreht, andere ziehen sich zurück. Einige schlafen fast ununterbrochen, andere laufen rastlos durch die Wohnung. All das ist normal. Was sie jetzt brauchen, ist keine Beschäftigung oder Bespaßung, sondern vor allem eines: Ruhe. Zeit zur Verarbeitung. Sicherheit in der Wiederholung.

Auch bei uns Menschen setzt oft ein Adrenalin-Crash ein. Man ist müde, überfordert von all den neuen Eindrücken, vielleicht enttäuscht, weil es nicht sofort so harmonisch ist, wie man gehofft hat. Und dann kommen die Fragen: Warum frisst er nicht? Warum bleibt er nicht allein? Warum kommt er nicht zu mir? Habe ich etwas falsch gemacht? In diesen ersten ein bis zwei Wochen geht es vor allem darum, ein stabiles, ruhiges Grundgerüst zu schaffen. Feste Routinen: Füttern zur gleichen Zeit, kurze, überschaubare Gassirunden zu den immer gleichen Orten, ein fester Schlafplatz geben dem Hund Orientierung.

Wichtig ist dabei: weniger ist mehr. Keine Ausflüge, keine Hundebegegnungen, kein Besuch, kein Training. Viele meinen es gut und überfordern den Hund damit unbewusst. Die Euphorie ist verständlich: Endlich ist das neue Familienmitglied da! Man möchte ihm etwas bieten, ihn überall mit hinnehmen, Neues zeigen, direkt gemeinsam durchstarten. Doch was für uns ein langersehnter, lang vorbereiteter Moment ist, bedeutet für den Hund: Alles ist anders. Alles ist fremd. Er weiß nicht, wo er ist. Nicht, wer wir sind. Nicht, ob es ihm hier gut gehen wird. Der Hund wurde nicht gefragt, ob er dieses neue Leben will. Er muss erst verstehen, dass er angekommen ist. Dass er sicher ist. Dass er Zeit hat. Das braucht Geduld und vor allem das Einfühlungsvermögen, sich nicht zu fragen, was wir mit ihm erleben möchten, sondern wie es ihm gerade geht. Indem wir auf all das verzichten, was für uns „normal" erscheint, geben wir dem Hund genau das, was er wirklich braucht: Raum zur Orientierung. Schutz vor Reizüberflutung. Die Chance, sich auf seine neue Welt einzulassen, ganz in seinem Tempo. Es ist eine Zeit des Beobachtens, nicht des Erwartens. Wenn der Hund sich zurückzieht, sollte man ihm diesen Raum lassen. Wenn er Nähe sucht, darf man da sein. Ruhig, weich, ohne Aufregung. Es geht nicht um Erziehung, sondern um Beziehung.

Viele Dinge funktionieren anfangs nicht so, wie man es sich vorgestellt hat. Vielleicht frisst der Hund schlecht oder zu viel. Vielleicht ist er noch nicht stubenrein, obwohl es auf der Pflegestelle hieß, er sei es. Vielleicht zeigt er Verhalten, mit dem man nicht gerechnet hat. Vielleicht versteht man seine Körpersprache nicht, weiß nicht, ob er gestresst oder müde ist, ob er spielen will oder Abstand braucht. All das gehört zu dieser Anfangsphase. Und es ist nicht schlimm. Es ist der Anfang eines

Weges, der nicht von Perfektion lebt, sondern vom gemeinsamen Wachsen. Was in dieser Zeit zählt, ist nicht Kontrolle, sondern Geduld. Kein Hund bindet sich an einem Tag. Vertrauen entsteht nicht durch Training, sondern durch Verlässlichkeit. Und je mehr Ruhe wir aushalten können, desto stabiler wird die Basis, auf der später alles andere wachsen kann. In meiner Arbeit als Pflegestelle habe ich das oft erlebt. Besonders mit ängstlichen Hunden, aber auch mit solchen, die eigentlich als zutraulich galten. Es ist keine Seltenheit, dass sie sich in den ersten Tagen nicht an der Leine bewegen wollen. Dann trage ich sie auf eine ruhige, geschützte Wiese. Dort können sie schnuppern, sich lösen – wenn sie möchten. Manchmal geschieht das nicht. Nicht am ersten Tag, nicht am zweiten. Und das ist in Ordnung! Pipi machen ist schließlich etwas Intimes. Das große Geschäft verrichten noch viel mehr. Dafür braucht es ein Gefühl von Sicherheit, ein gewisses Maß an Vertrauen, auch wenn es nur so viel ist, dass der Hund sich unbeobachtet fühlt oder zumindest nicht bedroht. Und genau dieses Vertrauen ist zu Beginn oft noch nicht da. Es ist neu. Alles ist neu. Der Ort. Die Geräusche. Der Mensch, der von heute auf morgen eine zentrale Rolle spielt. Also trage ich sie hin. Wieder zurück. Und wieder hin. Immer dieselbe Strecke, derselbe Ort. Geduldig. Ohne Erwartungen. Und irgendwann, manchmal nach Stunden, manchmal nach Tagen, ist er da: der Moment, in dem der Hund sich löst. Der Moment, in dem der erste Knoten platzt. Es ist der erste Schritt. Der erste von vielen. Der Rest kommt. Nicht auf Knopfdruck, aber mit der Zeit. Ohne Druck fangen sie an, sich zu lösen. An der Leine zu laufen. Stubenrein zu werden. Neugierig zu werden. Und aus dieser Neugier entsteht Verbindung. Nicht, weil man sie einfordert, sondern weil man sie ermöglicht.

Woche 3–4: Beziehung aufbauen

„Vertrauen wächst in kleinen Schritten. Oft genau dann, wenn wir loslassen und einfach da sind."

Woche drei bis vier bringen oft die ersten Veränderungen mit sich. Der Alltag beginnt sich einzupendeln. Für den Hund, aber auch für uns. Viele Hunde (aber nicht alle!) wirken in dieser Phase mutiger, lebendiger, offener. Sie zeigen plötzlich Verhalten, das in den ersten Tagen noch nicht da war. Das kann bezaubernd sein, aber auch herausfordernd. Jetzt zeigt sich langsam, wer dieser Hund wirklich ist. Vielleicht beginnt er zu spielen, zu bellen, zu fordern. Vielleicht zeigt er aber auch Unsicherheiten, zieht sich zurück, beginnt zu knurren, wenn ihm etwas zu viel wird. All das ist normal. Denn er beginnt, sich zu zeigen und uns zu testen. Nicht im Sinne von „Grenzen austesten", wie es oft heißt, sondern im Sinne von: Wie reagierst du, wenn ich so bin? Bleibst du da? Meinst du es ernst mit mir?

In dieser Phase ist es wichtig, den Hund nicht zu überfordern, aber langsam damit zu beginnen, kleine Impulse zu setzen: Erste Signale wie „Sitz", „Warte" oder ein einfaches „Schau mich an" können behutsam eingeführt werden. Ganz ohne Druck, eher spielerisch und mit viel positiver Verstärkung. Auch das Einüben von Alltagsroutinen kann jetzt beginnen: zum Beispiel ruhig an der Leine laufen, vor der Tür warten, kurz allein im Raum bleiben. Erste entspannte Begegnungen mit der Umwelt können ebenfalls vorsichtig stattfinden: etwa ein Spaziergang durch ein neues, reizarmes Gebiet oder der erste Besuch in der Tierarztpraxis nur zum Kennenlernen und Leckerli-Holen. Als Pflegestelle erlebe ich oft, wie behutsam wir solche ersten kleinen Schritte gestalten müssen. Ein gutes Beispiel ist unsere dritte Pflegehündin Lua, die sehr zurückhaltend und unsicher war. Mit ihr habe ich ganz spielerisch angefangen, einfache Signale wie „Sitz“ einzuführen. Ohne Zwang, sondern mit vielen kleinen Lob- und Belohnungsmomenten. Das hat ihr nicht nur Spaß gemacht, sondern auch ihr Selbstvertrauen gestärkt und ihr gezeigt, dass sie den Menschen vertrauen kann. Solche kleinen Erfolge sind für uns alle ein wichtiger Meilenstein auf dem Weg zu einer stabilen Beziehung. Wichtig ist: Das Tempo bestimmt der Hund! Nichts überstürzen. Lieber einen Schritt zurück als einen zu viel. Lieber nur zehn Minuten draußen und zwei gelungene Impulse setzen als eine Stunde voller Reize und Frustration. Der Hund braucht weiterhin Sicherheit, Vorhersehbarkeit und eine klare, ruhige Begleitung. Auch wir selbst sind in dieser Zeit oft noch zwischen Erschöpfung und Euphorie hin- und hergerissen. Manches klappt plötzlich, manches gar nicht. Das ist Teil des Prozesses. Jetzt ist die Zeit, auch sich selbst Raum zu geben: für Reflexion, für ehrliche Fragen. Wie geht es mir? Was überfordert mich? Was klappt gut? Denn genau das ist Beziehung: nicht perfekt sein, sondern verbunden bleiben, auch wenn es ruckelt. Schließlich geht es nicht darum, Fortschritte zu erzwingen, sondern um gemeinsame, kleine Erfolge, die Vertrauen und Sicherheit schaffen.

Woche 5–8: Erste Schritte in den Alltag

„Veränderung braucht Zeit, und oft sind es die kleinen Schritte, die den größten Unterschied machen.“

Ab der fünften Woche beginnt für viele Hunde so etwas wie ein Alltag, zumindest aus menschlicher Sicht. Für deinen Hund ist noch immer alles neu. Aber er beginnt langsam, Routinen zu erkennen, auf Signale zu reagieren und sich im neuen Leben zurechtzufinden. Jetzt ist der richtige Moment, um die Welt gemeinsam Stück für Stück zu erweitern – mit Bedacht und Struktur. Draußen kannst du anfangen, die Schleppleine sinnvoll einzusetzen: für mehr Bewegungsfreiheit, mehr Selbstwirksamkeit, aber mit klarer Orientierung an dir. Neue Reize wie Fahrräder, Jogger, Kinder oder andere Hunde sind jetzt präsenter. Sie sollten mit Ruhe und Abstand eingeführt werden. Dein Ziel ist nicht sofortige Souveränität, sondern positive Verknüpfung. Reize benennen, vorausschauend agieren, verringern statt verstärken. Das ist jetzt der Schlüssel. Auch erste kontrollierte Sozialkontakte können stattfinden, aber bitte gut gewählt: keine stürmischen Hundegruppen oder unberechenbaren Begegnungen auf engem Raum. Lieber ein einzelner, souveräner Hund in neutralem Gebiet. Auch gesundheitlich steht oft mehr an: ein gründlicher Tierarztbesuch, ein erster Termin bei der Physiotherapie oder beim Hundesalon (je nach Zustand des Fells). Gerade bei den zotteligen, verknoteten Hunden beginne ich oft damit, sie Stück für Stück zu baden oder zu trimmen. Immer erst dann, wenn wir uns gut angenähert haben und das Vertrauen da ist. So wird die Pflege für sie zu einem angenehmen, entspannten Erlebnis und nicht zu einer Stresssituation. Nur in seltenen Fällen muss der Pflegehund gleich nach Ankunft unter die Dusche, beispielsweise bei völlig zugekotetem, verklebtem Fell. Es ist immer hilfreich, den Hund gut vorzubereiten: Handling üben, Berührungen positiv aufbauen, Wartezeiten simulieren. Du merkst in dieser Zeit auch besser, was für deinen Hund „normal“ ist: Wie viel schläft er? Wie frisst er? Wie reagiert er auf Besuch oder Veränderungen? Dieses Baseline-Verhalten (also das normale, typische Verhalten eines Hundes, so wie er sich zeigt, wenn alles in Ordnung ist und er sich sicher fühlt) ist wichtig. Nur wenn du es kennst, erkennst du Abweichungen rechtzeitig. Gleichzeitig entwickelst du ein Gefühl für das Besondere deines Hundes. Vielleicht hat er einen sensiblen Magen. Oder ein ganz eigenes Ritual beim Gassigehen. Vielleicht mag er bestimmte Böden nicht oder zieht sich bei zu viel Trubel schnell zurück.

Ein guter Zeitpunkt auch, um eine Checkliste zu erstellen oder zu aktualisieren:

- Ist mein Hund vollständig geimpft und entwurmt?
- Haben wir eine Tierarztpraxis des Vertrauens gefunden?
- Weiß ich, was mein Hund fressen darf und was er braucht?
- Wie sieht sein aktuelles Verhalten im Alltag aus? Gibt es Sorgen oder Auffälligkeiten?

Du musst nicht alles wissen oder perfekt machen. Aber du kannst beginnen, Verantwortung strukturiert zu leben, ohne Druck, aber mit Bewusstsein.

Woche 9–14: Euer gemeinsamer Rhythmus

„Wenn aus Fremden Weggefährten werden, entsteht ein Rhythmus, der Sicherheit und Vertrauen schenkt."

Woche 9 bis 14 sind die Zeit, in der sich euer Alltag langsam einpendelt oder eben auch zeigt, wo es hakt. Die anfängliche Aufregung ist verflogen, vieles wirkt vertrauter, Routinen beginnen sich zu festigen. Jetzt geht es darum, diesen neuen Rhythmus bewusst zu stabilisieren: feste Gassizeiten, wiederkehrende

Ruhephasen, kleine Rituale vor dem Schlafengehen oder bei der Begrüßung. All das gibt Sicherheit und Orientierung. Gleichzeitig zeigen sich in dieser Phase oft die ersten echten Herausforderungen. Trennungsstress, Angstverhalten oder Frustration an der Leine sind Themen, die häufig auftauchen. Nicht, weil „etwas schiefläuft", sondern weil dein Hund beginnt, sich zu öffnen. In dieser Zeit sind viele Pflegehunde oft schon in ihr neues Zuhause gezogen, bevor sie bei uns vollständig angekommen sind. Deshalb sprechen wir mögliche Baustellen ganz offen und ehrlich an. Herausforderungen, die noch kommen können, wenn der Hund nach und nach auftaut und Vertrauen gewinnt. So können die neuen Besitzer:innen vorbereitet sein und wissen, dass sich manche Themen erst nach und nach zeigen, wenn der Hund sich wirklich sicher fühlt. Was in den ersten Wochen noch durch Stress und Unsicherheit überdeckt war, kommt jetzt an die Oberfläche. Es ist wichtig, diese Signale ernst zu nehmen. Nicht als Rückschritt, sondern als Hinweis: Hier braucht es Unterstützung. Und das ist genau der richtige Zeitpunkt, um über Teamarbeit nachzudenken. Du musst das nicht allein schaffen. Ein:e gute:r Hundetrainer:in, eine Verhaltenstherapeut:in, Physiotherapeut:in oder Tierärzt:in mit Verhaltenserfahrung können helfen, Dinge einzuordnen, konkrete Schritte zu entwickeln und dich auf diesem Weg zu begleiten. Diese Phase lädt auch zur Reflexion ein: Was läuft schon richtig gut? Wo habt ihr euch eingespielt, was ist euch wichtig geworden? Und wo darf sich noch etwas verändern – sei es im Miteinander, in den Erwartungen oder im Umgang mit Herausforderungen? Denn die Reise ist nicht vorbei. Sie bekommt langsam einen Takt, einen Ton, einen gemeinsamen Atem. Und das ist der

Moment, in dem aus einem neuen Hund ein Teil deiner Geschichte wird.

In diesen ersten gemeinsamen 100 Tagen entsteht etwas Wertvolles: ein Fundament aus Vertrauen, Verständnis und gemeinsamen Erfahrungen. Es geht nicht darum, fertig zu sein. Sondern darum, sich kennenzulernen, ein Gefühl füreinander zu entwickeln, sich in kleinen Schritten aufeinander einzustellen. Manche Tage werden leicht sein, andere fordernd. Aber genau darin liegt die Magie: in der Echtheit, im Mitgehen, im Dranbleiben. Und wenn du das Gefühl hast, dass es bei dir nicht so „läuft, wie es soll", dann bist du damit nicht allein. Denn nicht jeder Weg ist gerade. Nicht jede Geschichte klingt nach Lehrbuch. Und manchmal ist genau das, was sich schwierig anfühlt, der Anfang von etwas besonders Echtem.

Deshalb geht es auf den nächsten Seiten genau darum: Was tun, wenn's hakt? Wenn der Alltag mehr Fragen als Antworten bereithält – und wie du trotzdem deinen ganz eigenen Weg findest.

Wenn es nicht so läuft, wie es soll (oder man es sich vorstellt)

„Manchmal läuft es anders als geplant, und genau darin steckt die Chance, Neues zu entdecken."

Rückschritte, Frust und Zweifel. Sie gehören zum Zusammenleben mit einem (Tierschutz-)Hund genauso dazu wie schöne Momente, Fortschritte und Kuschelstunden. Auch wenn man es in der Hundewelt selten sieht: Viele Menschen erleben irgendwann den Punkt, an dem sie sich fragen, ob sie der

Aufgabe wirklich gewachsen sind. Vielleicht klappt das Alleinbleiben einfach nicht. Vielleicht gibt es unerklärliche Ängste, ständiges Bellen, Probleme mit anderen Hunden oder sogar Aggressionsverhalten. Vielleicht fühlt man sich einsam in seiner Unsicherheit und hat das Gefühl, versagt zu haben. Und manchmal taucht dann dieser Gedanke auf, über den kaum jemand spricht: „Ich bereue meine Entscheidung." Dieser Gedanke ist kein Zeichen von Schwäche. Er bedeutet nicht, dass man den Hund nicht liebt. Er bedeutet nicht, dass man ein schlechter Mensch ist. Er bedeutet einfach: Die Realität ist herausfordernder, als man erwartet hat. Und das darf sie sein. Denn niemand ist perfekt vorbereitet auf alles, was kommt. Und niemand muss diesen Weg allein gehen. Wenn du das Gefühl hast, dass dir die Situation über den Kopf wächst: Hol dir Hilfe. Nicht irgendwann. Sondern jetzt. Es gibt Hundetrainer:innen, Verhaltenstherapeut:innen, Tierärzt:innen, Fachstellen im Tierschutz, Beratungsstellen, Gesprächsgruppen. Menschen, die dich ernst nehmen, ohne zu verurteilen. Die dich stärken, nicht beschämen. Die dir neue Perspektiven eröffnen. Es ist keine Schande, überfordert zu sein. Es ist ein Zeichen von Verantwortung, es sich einzugestehen. Und der erste Schritt zurück in die Verbindung mit deinem Hund und zu dir selbst. Wichtig ist, dass du etwas tust. Dass du nicht einfach aufgibst oder es dir zu leicht machst. Leider geben viele Menschen ihre Hunde zurück, weil etwas nicht sofort funktioniert oder weil sie sich mit ihren Herausforderungen alleingelassen fühlen. Das Thema „Alleinbleiben" fällt hierbei oft. Im Vermittlungsgespräch wird offen besprochen, dass der Hund zunächst (wenn überhaupt) nur kurze Zeit allein bleiben kann und dass daran schrittweise gearbeitet werden muss. Dass man im Fall der Fälle einen Ausweichplan braucht. Denn eine Garantie dafür, dass der Hund nach Woche X zuverlässig allein bleibt, gibt es schlichtweg nicht. Doch wenn der Hund dann in der neuen Familie bei den ersten Versuchen unruhig ist, jault oder an der Tür kratzt, kommt es leider vor, dass er sofort wieder zurückgegeben wird. Ohne dass die Familie sich Hilfe holt oder Zeit für ein langsames Training investiert. Dieses „Sofort weg"-Denken macht es für viele Hunde schwer, wirklich anzukommen und Vertrauen aufzubauen. Die erste Option sollte immer sein, zu probieren, zu trainieren, dranzubleiben. Hunde zu halten, bedeutet auch, sie zu erziehen, mit ihnen zu wachsen und gemeinsam über Probleme hinwegzusehen. So wie Leine und Halsband zusammengehören, gehören Training und Vertrauen zum Hundeleben dazu. Kein Hund wird perfekt geboren. Gemeinsam lernen, gemeinsam wachsen: Das ist das Herzstück einer echten Beziehung. Genau hier, inmitten der Zweifel, beginnt oft das tiefste Verständnis. Das echte Miteinander. Und manchmal auch ein ganz neuer Anfang.

Was ist, wenn es gar nicht passt?

„Manchmal sind zwei Herzen nicht im gleichen Takt, und das ist okay."

Manchmal, sosehr man sich auch bemüht, passt es einfach nicht zwischen Hund und Mensch. Das ist keine Niederlage und keine Schuldfrage. Es ist eine Realität, die gelegentlich vorkommt. Hunde haben individuelle Bedürfnisse, die mit dem eigenen Leben, den Möglichkeiten oder auch der Persönlichkeit einfach nicht vereinbar sind. Vielleicht braucht der Hund viel mehr Ruhe und Rückzugsmöglichkeiten, als man im Alltag bieten kann. Oder er hat Verhaltensweisen, die man trotz aller Anstrengung nicht in den Griff bekommt. Ein Beispiel: ein Hund mit extremem Trennungsstress, der trotz Training und professioneller Unterstützung so stark leidet, dass weder Hund noch Mensch dauerhaft glücklich werden. Wenn du an diesen Punkt kommst, ist es wichtig zu wissen: Es ist absolut okay, sich das einzugestehen. Es bedeutet nicht, dass du als Mensch versagt hast oder den Hund nicht genug liebst. Manchmal ist es schlichtweg das Beste für alle Beteiligten, nach einem neuen Zuhause zu suchen. Gerade dann ist es wichtig, sich an den Tierschutzverein zu wenden, über den du deinen Hund bekommen hast. Dieser ist in solchen Fällen für dich da. Er kümmert sich nicht nur um den Hund, sondern auch um dich. Gemeinsam könnt ihr überlegen, wie es weitergeht und wie ein passendes neues Zuhause gefunden werden kann, das besser zu den Bedürfnissen des Hundes passt. Das nimmt Druck raus und schafft eine Perspektive für den Hund, die ihm ein glückliches Leben ermöglicht.

Einen Hund abzugeben, ist keine Schande, sondern ein Zeichen von Verantwortung und Fürsorge. Für den Hund und für dich selbst. Es zeigt, dass du das Wohl des Tieres über deinen eigenen Stolz stellst. Gleichzeitig ist es wichtig, diesen Schritt gut zu überdenken und vorher alle Möglichkeiten auszuprobieren, um die gemeinsame Situation zu verbessern. Manchmal braucht es Zeit, Geduld und Unterstützung, bevor eine Entscheidung getroffen werden kann. Dabei geht es nicht darum, sich selbst oder den Hund zu überfordern, sondern mit viel Verständnis und Offenheit herauszufinden, was für alle das Beste ist. Und wenn das Loslassen dann der mutigste und beste Schritt ist, verdient auch dieser Respekt und Anerkennung.

Aufbruch ins neue Leben: Ein Weg voller Geduld, Vertrauen und Wachstum

Die ersten 100 Tage mit einem neuen Hund sind mehr als nur eine Übergangszeit. Sie sind eine Reise, in der sich zwei Leben miteinander verweben. Voller kleiner Schritte, Herausforderungen und großer Momente. Dieser Leitfaden zeigt, dass Ankommen Zeit braucht, Geduld unerlässlich ist und kein Weg ohne Stolpersteine verläuft. Doch gerade darin liegt die Chance: gemeinsam zu wachsen, Vertrauen aufzubauen und eine tiefe Bindung zu schaffen, die auf Verständnis und Respekt fußt. Egal ob es sich um einen ängstlichen Pflegehund, einen Hund mit Behinderung oder einen lebhaften Welpen handelt, jeder Start ist einzigartig. Wichtig ist, sich auf den Prozess einzulassen, nicht zu schnell aufzugeben und bei Schwierigkeiten Hilfe anzunehmen. Denn ein Hund zieht nicht nur bei dir ein, er wird Teil deines Lebens. Mit all seinen Höhen und Tiefen.

Dieser Leitfaden soll Mut machen, begleiten und zeigen: Du bist nicht allein. Schritt für Schritt entsteht ein neues Zuhause, in dem ihr beide lernen könnt, euch wirklich zu verstehen und zu vertrauen.

NACHWORT: ALLES BEGINNT MIT EINER KLEINEN GESTE

Manchmal denke ich an all die Pfotenabdrücke, die in unserem Leben Spuren hinterlassen haben. An Mojo, Rana und Mateo – unsere drei ganz eigenen Weggefährten. Jeder von ihnen kam auf seine eigene Weise in unser Leben und hat es für immer verändert. Mojo war der erste Hund, der wirklich „unser" war und der uns alles abverlangte, was wir nicht wussten, aber lernen mussten. Er kam viel früher in unser Leben als geplant, mit einem gebrochenen Bein und einem gebrochenen Vertrauen. Mit ihm begann unser Weg. Nicht nur in ein gemeinsames Leben mit Hund, sondern auch in ein tieferes Verständnis für Tierschutz, Verantwortung und Entwicklung. Mojo war klein, laut, fordernd und der wohl prägendste Lehrer, den wir je hatten. Ohne ihn hätten wir vieles nicht erkannt. Vielleicht hätten wir nie begonnen, uns mit Hundeverhalten zu beschäftigen, nie die Perspektive der Hunde eingenommen oder hinterfragt, was es wirklich heißt, Verantwortung zu übernehmen. Mojo hat uns verändert. Er war nicht einfach, aber genau richtig.

Rana war nicht der Hund, den wir gesucht hatten. Aber sie war genau der Hund, den wir brauchten. Mit ihr nahm unsere Reise in den Tierschutz ihren Anfang. Eine Reise, die uns nicht nur nach Portugal führte, sondern auch mitten in ein Leben, das wir retten durften. Rana lehrte uns, was es bedeutet, Verantwortung zu übernehmen, nicht nur mit dem Kopf, sondern mit ganzer Hingabe. Sie war der erste Hund, den wir aktiv aus dem Ausland adoptierten. Nicht perfekt. Nicht geplant. Aber ganz genau richtig. Was wir damals noch nicht wussten: Rana hat nicht nur uns verändert, sie hat auch Platz gemacht. Innerlich. Für alles, was noch kommen sollte. Für die Begegnungen, die uns noch erwarteten. Für die Hunde, die unsere Geschichte weiterschreiben würden.

Und dann kam Mateo. Ein kleiner Dreibeiner aus Griechenland, der mit seinem Stumpf direkt in unser Leben humpelte, als hätte er es schon längst für sich beansprucht. Der Dreibeiner mit der Seele aus Gold. Seine Geschichte beginnt auf einer Raststätte irgendwo auf Kreta. Zwischen Müll, Lärm und Gleichgültigkeit. Dort, wo man eher vergisst als hinsieht. Seine Reise führte ihn nach Deutschland, in eine Pflegestelle bei Freunden und zu uns. Wir wollten ihn nicht adoptieren. Ganz bestimmt nicht. Es war der denkbar unvernünftigste Moment für einen dritten Hund. Und doch kam er zu uns, mit einem Strahlen im Gesicht, das so gar nicht nach Mitleid aussah. Mateo war kein Hund, den man „trotz" seiner Behinderung liebte. Sondern einer, den man gerade deswegen noch ein bisschen mehr liebte. Er war neugierig, sanft, verspielt. Völlig unbeeindruckt von seiner Vergangenheit. Er kam nicht als Held. Aber er wurde einer. Nicht für die Welt. Für uns. Mateo hat nicht nur unser Rudel komplett gemacht. Er hat uns verändert. Mit seiner Leichtigkeit. Seinem Vertrauen.

Diese drei Hunde sind mehr als Haustiere. Sie sind Kapitel unseres Lebens. Jeder von ihnen hat uns etwas beigebracht. Uns herausgefordert, begleitet, geerdet. Mojo zeigte uns, wie wenig wir wussten und wie viel wir lernen können, wenn wir bereit sind, wirklich hinzusehen. Rana brachte Licht und Leichtigkeit und öffnete uns die Tür zum Auslandstierschutz, zu Teresa, zu Portugal, zu dem, wofür heute unsere Leidenschaft brennt. Und Mateo? Mateo war das leise Wunder, das uns schließlich die Richtung vorgab.

Mit ihnen veränderte sich alles. Unser Alltag, unser Blick auf die Welt und auch unser Weg. Wir wurden verpinscht. Zuerst als Spitzname für unser neues Leben mit Mojo. Dann als Gefühl. Und irgendwann als Haltung. Verpinscht bedeutet für uns: offen sein. Für schwierige Wege, für zweite Chancen, für Hunde, die nicht auf Hochglanz poliert sind. Für all die, die auf den ersten Blick zu viel sind und auf den zweiten alles. Ohne Mojo, Rana und Mateo gäbe es verpinscht nicht. Ohne sie gäbe es keine Arbeit mit Hundeverstand, keine tiefe Verbindung zu dem, was wir tun, kein Buch. Sie haben uns nicht nur begleitet. Sie haben uns zu dem gemacht, was wir heute sind. Und sie waren erst der Anfang. Denn mit ihnen kamen auch all die anderen. Die, die uns anvertraut wurden. Für eine Zeit, für immer oder für einen Umweg, den sie nicht allein gehen sollten. Sie stehen stellvertretend für so viele Hunde, die jeden Tag durchs Raster fallen. Die nicht „pflegeleicht" sind. Die nicht sofort in die Schablonen passen, die sich Menschen von einem Familienhund machen. Und genau deshalb erzählen wir ihre Geschichten:

Tayo war einer von ihnen. Ein bildschöner junger Rüde mit dem perfekten Instagram-Gesicht und einer Geschichte, die einem den Atem raubt. Er wurde in Portugal gefunden, an einem Baum aufgehängt. Kopfüber, an seiner Hinterpfote. Man hatte ihn zum Sterben zurückgelassen. Tayo verlor seine Hinterpfote, aber nicht seinen Lebenswillen. Er bekam bei uns eine Prothese, lernte wieder zu laufen, zu rennen, zu spielen. Heute lebt Tayo bei einer Familie, die ihn als Gefährten sieht. Die nicht zurückschreckt, wenn es schwierig wird, sondern an seiner Seite bleibt. Tayo wurde nicht trotz seiner Narben geliebt – sondern wegen ihnen.

Bruno war unser allererster Pflegehund und vielleicht einer der wichtigsten. Denn er zeigte uns, worin der Unterschied zwischen einem seriösen Tierschutzverein und einem unseriösen Verein liegt. Wie wertvoll echter Tierschutz ist. Dass er schließlich sein Zuhause fand, bei Freunden mit großem Herz und noch größerem Verständnis, war für uns ein Beweis: Es gibt sie, die richtigen Menschen. Manchmal muss man nur laut genug erzählen, damit sie zuhören.

Fuchur war ein schneeweißer Podenco mit rauem Haar und noch rauerem Schicksal. Vier Jahre lebte er bei Teresa, bevor er zu uns kam – als schwieriger Pflegefall, der kaum aus seinem Versteck kam. Er war nicht aggressiv. Nicht laut. Nicht anstrengend. Er war einfach verschwunden, innerlich. Fuchur zwang uns zur Entschleunigung. Zu einem Umgang, der nicht forderte, sondern nur hielt. Der nicht erwartete, sondern begleitete. Und genau deshalb ist seine Geschichte so wichtig. Weil Tierschutz nicht immer spektakulär ist. Manchmal ist er leise. Still. Fast unbemerkt. Aber niemals bedeutungslos. Diese Hunde haben uns geprägt. Sie haben uns gezeigt, dass es nicht reicht, Gutes zu wollen. Man muss bereit sein, genau hinzusehen. Auch wenn es unangenehm ist. Auch wenn es wehtut. Und dann muss man bereit sein, Verantwortung zu übernehmen. Für Leben, die nicht in eine schöne Anzeige passen. Für Geschichten, die nicht leicht sind, aber genau deshalb erzählt werden müssen. Denn jeder Hund, den wir begleiten durften, hat Spuren hinterlassen. Nicht nur auf unserem Sofa. Sondern in unserem Herzen. Und in dem, was verpinscht heute ist. In jedem von ihnen steckte ein ganzes Universum. Eine Geschichte, eine Verletzlichkeit, eine Hoffnung. Sie alle sind Teil dieses Buches und Teil unseres Weges. Ihre Geschichten erzählen von Angst und Vertrauen, von Neubeginn und Rückschlägen. Und davon, wie aus zaghaftem Kontakt echte Verbindung werden kann. Denn echte Verbindung entsteht nicht durch Kontrolle, nicht durch Perfektion, nicht durch Erwartungen. Sie entsteht dort, wo wir bereit sind, uns wirklich einzulassen. Wo wir dem anderen Wesen Raum geben. Nicht nur im Alltag, sondern auch in unserer Wahrnehmung. Tierschutz ist nicht das Happy End. Tierschutz ist der Weg dorthin.

Ein Weg voller kleiner Schritte, leiser Fortschritte, unsichtbarer Kämpfe. Ein Weg, der selten geradeaus führt, aber immer irgendwohin. Wir sind ihn gegangen. Nicht, weil wir Held:innen sind. Sondern weil wir irgendwann gemerkt haben, dass Wegschauen keine Option mehr ist. Verpinscht ist genau dort entstanden: zwischen all den leisen Momenten. In den Stunden am Boden. In den Blicken, die keine Worte brauchen. In der Wut über Ungerechtigkeit. In der Freude über das erste Schwanzwedeln. In der Entscheidung, auch dann noch da zu sein, wenn niemand hinschaut. Und vielleicht ist das der größte

Schatz, den uns diese Hunde hinterlassen haben: nicht nur Geschichten. Sondern Haltung.

Ein anderes Verständnis von Verantwortung, von Nähe, von Leben. Dieses Buch ist ihnen gewidmet. Und all denen, die bereit sind, nicht wegzusehen. Wenn ich zurückblicke, wird mir klar: Es sind nie die großen Heldentaten, die am meisten bewirken. Es ist der Moment, in dem man sich hinkniet, obwohl der Hund noch knurrt. Der Spaziergang bei Regen, weil es dem Hund guttut, nicht uns. Die Entscheidung, Hilfe zu holen, statt aufzugeben. Oder einfach nur: sich zu trauen, den ersten Schritt zu gehen. Nicht perfekt zu sein, aber präsent. Nicht alles zu wissen, aber zuzuhören. Nicht alles richtig zu machen, aber nicht wegzulaufen. Tierschutz beginnt nicht mit einem Flug nach Portugal oder dem Bau eines Shelters. Er beginnt in unserem Denken. In unserer Haltung. In dem Moment, in dem wir aufhören, wegzusehen. Und anfangen, Verantwortung zu übernehmen. Für ein Leben, das von allein keine Chance gehabt hätte. Dieses Buch ist kein Ratgeber im klassischen Sinn. Es ist eine Einladung. Eine Einladung, genauer hinzusehen. Sich berühren zu lassen. Sich Fragen zu stellen, auch wenn die Antworten unbequem sind. Es ist eine Erinnerung daran, dass Mitgefühl kein Projekt ist. Sondern eine Haltung. Dass Tierschutz nicht davon lebt, wie viel wir leisten, sondern wie ehrlich wir fühlen. Und vielleicht, ganz vielleicht, ist es auch ein leiser Impuls, den eigenen Platz im Tierschutz zu finden. Egal wie groß oder klein dieser Platz aussieht. Ob man einen Hund aufnimmt, eine Patenschaft übernimmt, Kastrationen unterstützt oder einfach nur ein Gespräch führt, das Augen öffnet.

Denn am Ende braucht es nicht viel, um einen Unterschied zu machen. Nur die Bereitschaft, wirklich da zu sein.

Denn Tierschutz beginnt nicht erst in den Krisengebieten dieser Welt. Nicht erst dort, wo Hunde in Betonverschlägen ausharren oder auf Müllbergen nach Futter suchen. Er beginnt im Wohnzimmer. Im Wald am frühen Morgen. Im Gespräch mit anderen Hundemenschen – am Gartenzaun, auf dem Hundeplatz, bei einem zufälligen Treffen im Park. Er beginnt in unseren Entscheidungen, im Alltag, im Stillen. In dem Moment, in dem wir nicht wegsehen, wenn ein Hund leidet. In dem wir einen anderen Blick wagen, auch auf das, was wir bisher für selbstverständlich hielten. In jeder noch so kleinen Geste steckt das Potenzial, etwas zu verändern.

Vielleicht kannst du (noch) keinen Hund aufnehmen. Aber vielleicht kannst du einem Verein einen Sack Futter spenden. Eine Fahrkette übernehmen. Einen Beitrag teilen, der sonst niemanden erreicht hätte. Vielleicht kannst du ein Gespräch führen, das einen Perspektivwechsel ermöglicht. Dich informieren, kritisch hinterfragen und anfangen, Verantwortung mitzutragen. Selbst wenn sie dir nicht gehört.

Denn Mitgefühl kennt keine Landesgrenzen. Keine Anforderungen. Keine Mindestgröße. Vielleicht kannst du helfen, Vorurteile abzubauen. Erklären, warum ein Angsthund kein hoffnungsloser Fall ist. Oder erzählen, warum „der arme Hund soll doch auch mal Liebe erfahren" kein Ersatz für fachkundige Begleitung ist. Tierschutz ist mehr als Rettung. Es ist Aufklärung, Zuhören, Dranbleiben. Es ist unbequem und oft unsichtbar. Aber es zählt. Jede noch so kleine Handlung zählt.

Und wenn du gerade denkst, dass dein Beitrag zu klein ist, um etwas zu bewegen, dann erinnere dich daran: Auch ein einziger Mensch kann für einen Hund die ganze Welt bedeuten.

Rana wäre heute nicht bei uns, wenn nicht jemand in Portugal hingesehen hätte. Dorthin, wo andere oft wegschauen. Mojo hätte womöglich nie gelernt zu vertrauen, wenn nicht jemand bereit gewesen wäre, eine mutige Entscheidung zu treffen, statt vorschnell aufzugeben. Und Fuchur – mein stiller Held, der lange übersehen wurde – hätte vielleicht nie ein Zuhause gefunden, hätte sich nicht jemand entschieden, dranzubleiben, auch als es schwierig wurde, auch als es kaum Fortschritte gab. Nuka, den wir zu Beginn dieser Geschichte begleitet haben, steht für all die Hunde, deren Leben von der Fürsorge einzelner Menschen geprägt wird. Auch er zeigt uns: Es sind nicht die großen Taten, sondern die kleinen, beständigen Schritte, die Hoffnung schenken und Vertrauen wachsen lassen. Sein Weg erinnert uns daran, dass jeder Hund eine Chance verdient und wir die Verantwortung haben, diese Chance zu geben. Nuka lebt heute im Osten Deutschlands – zusammen mit zwei weiteren Hunden, die ihm zum Verwechseln ähnlich sehen. Jedes Mal, wenn ich Updates bekomme, muss ich zweimal hingucken, um herauszufinden, wer von den dreien denn nun wirklich Nuka ist. Sie wohnen auf einem riesigen Grundstück, das für mich längst kein Garten mehr ist, sondern eher eine eigene kleine Parkanlage. Dort kümmern sich geduldige und liebevolle Menschen um ihn – Menschen, die damals die weite Fahrt auf sich genommen haben, um ihn kennenzulernen und so zu schätzen, wie er ist. Heute spielt und tobt Nuka wie ein echter Hund, hat sich als richtige Wasserratte entpuppt und liebt es, im nahe gelegenen See zu baden.

Diese Hunde, jede einzelne Begegnung, haben Spuren hinterlassen. Sie haben nicht nur uns verändert, sondern unsere

Sicht auf das, was Tierschutz bedeutet. Nicht als Heldentat, nicht als lautstarke Bewegung. Sondern als etwas Leises, Geduldiges, Zärtliches. Etwas, das im Alltag geschieht: wenn man sich entscheidet hinzusehen, nachzufragen, nicht vorschnell zu urteilen. Etwas, das entsteht, wenn man bereit ist, den eigenen Komfort für einen Moment zurückzustellen, um für ein anderes Wesen da zu sein. Dieses Buch endet hier, zwischen diesen Seiten. Aber vielleicht beginnt für dich gerade etwas Neues. Vielleicht bleibt eine Geschichte in dir hängen, ein Gedanke, eine Szene, die sich nicht mehr abschütteln lässt. Vielleicht fragst du dich, was du tun kannst, wo dein Platz sein könnte in alldem. Und wenn dir dieses Buch etwas mitgeben soll, dann vielleicht genau das: Du musst nicht alles verändern. Du musst nicht perfekt sein, nicht alles wissen, nicht alles richtig machen. Aber du kannst etwas verändern. Für einen Hund. Für einen Moment. Für ein ganzes Leben.

Tierschutz ist nicht immer spektakulär. Oft ist er still. Unspektakulär. Manchmal unsichtbar für andere. Aber niemals bedeutungslos. Denn der Moment, in dem wir unser Mitgefühl nicht nur fühlen, sondern ihm eine Richtung geben – eine Handlung, eine Entscheidung, ein Tun –, ist der Moment, in dem Veränderung geschieht. Nicht auf der großen Bühne, sondern im ganz Kleinen. Und gerade deshalb ist er so kraftvoll. Vielleicht wirst du nie alle retten können. Vielleicht wirst du nie einen Preis gewinnen oder öffentlich geehrt werden für das, was du tust. Aber das spielt keine Rolle. Denn manchmal reicht genau das, was du geben kannst – so unscheinbar es auch wirkt –, für einen Hund, dessen Leben ohne dich ganz anders verlaufen wäre. Und das ist alles, was zählt.

Danke, dass du mit uns gegangen bist. Danke fürs Mitfühlen, fürs Mitdenken, fürs Mittragen. Danke, dass du dich eingelassen hast auf Geschichten, die nicht glatt und glänzend sind, sondern echt. Auf Hunde, die nicht perfekt funktionieren, aber dafür umso mehr berühren. Auf Wege, die manchmal Umwege waren und trotzdem ans Ziel geführt haben. Vielleicht hast du beim Lesen gelächelt, vielleicht geweint, vielleicht gezweifelt. Vielleicht hast du dich in manchen Momenten selbst wiedergefunden – in der Unsicherheit, in der Freude, im Stolz über kleine Fortschritte. Vielleicht hat dieses Buch etwas in dir bewegt, etwas angestoßen oder bestärkt. Und vielleicht – wer weiß – machst du irgendwann genau dort weiter, wo diese Seiten enden. Denn irgendwo da draußen wartet vielleicht schon der Hund, dessen Geschichte durch dich eine neue Richtung bekommt. Dieses Buch ist zu Ende. Aber das, was zählt, beginnt erst jetzt: in deinem Alltag. In deinen Entscheidungen. In deinem Herz. Danke, dass du da warst. Und vielleicht: bis bald.

DANKSAGUNG FÜR RAFAEL

Dieses Buch erzählt viele Geschichten. Von Hunden, von Hoffnung, von Zweifeln, von Neubeginn. Aber hinter all diesen Geschichten gibt es eine Konstante, die selten im Mittelpunkt steht und doch immer da war: du.

Du hast nie viele Worte gebraucht, um mich zu verstehen. Du warst einfach da – leise, zuverlässig, geduldig. Du hast nie gezögert, wenn ich wieder einmal eine große Entscheidung aus dem Bauch traf. Selbst wenn sie unbequem war. Selbst wenn sie unsere Wohnung voller machte, unsere Nächte kürzer oder unseren Alltag komplizierter. Du hast vertraut, wo ich gezweifelt habe. Du hast getragen, wenn ich mich verloren fühlte. Du hast mich erinnert, dass wir gemeinsam mehr aushalten, als ich allein je könnte.

Du hast nie darum gebeten, dass dein Name in diesen Geschichten auftaucht. Aber ohne dich gäbe es viele dieser Geschichten gar nicht. Ohne dich gäbe es keinen Mateo bei uns. Kein Dazwischen, kein Trotzdem, kein Wir.

Du bist der, der nicht fragt, wie schwer es wird, sondern wer alles mitkommt. Du bist der, der anpackt, wenn ich müde bin. Und dabei nie auf Anerkennung wartet. Du liebst still, aber tief. Und ich sehe das. Danke, dass du mit mir gehst. Durch den Matsch, durch den Lärm, durch das Chaos und durch all das, was diese Reise so wunderschön macht. Danke, dass du unser Zuhause bist. Dieses Buch endet vielleicht hier. Aber mit dir beginnt immer wieder etwas Neues.

Mit Liebe,
Vanessa

ANHANG

Checkliste: Ein Tierschutzhund zieht bei mir ein – das brauchst du wirklich

Eine Liste für alle, die einen Tierschutzhund – ob als Pflege- oder Endstelle – bei sich aufnehmen und sinnvoll vorbereiten möchten.

Erstausstattung

Das brauchst du, bevor der Hund einzieht:

- ◯ **Schlafplatz**
  (z. B. weiches Hundebett, Decken, Box)
- ◯ **Futternapf & Wassernapf**
  (rutschfest, geräuscharm)
- ◯ **Hochwertiges Futter**
  (vorab mit der Orga absprechen, um Umstellung zu vermeiden/langsam umstellen zu können)
- ◯ **Zwei Leinen, Halsband & Sicherheitsgeschirr für die doppelte Sicherung**
  (optimal: + Bauchgurt zum Sichern)
- ◯ **GPS-Tracker**
  (gibt zusätzlich Sicherheit; vorab mit der Orga absprechen – viele Vereine empfehlen oder verlangen ihn am Anfang)

- ◯ **Transportbox oder Rücksitzsicherung fürs Auto**
- ◯ **Kotbeutel & Handtücher**
  (auch zum Reinigen von Pfoten oder kleinen Unfällen)
- ◯ **Leckerlis & Kaukram**
- ◯ **Spielzeug**
  (ein bis zwei einfache Dinge reichen – viele Hunde kennen es anfangs gar nicht)
- ◯ **Hundemarke mit Telefonnummer**
  (auch wenn der Hund gechippt ist)
- ◯ **Maulkorb**
  (vorsorglich, z. B. für den Tierarztbesuch – vorher positiv trainieren!)

Wichtige Unterlagen & Infos

- ◯ **EU-Heimtierausweis**
  (bekommst du von deinem Verein)
- ◯ **Chipnummer & Registrierungsnachweis**
  (z. B. Tasso)
- ◯ **Kontaktdaten der Organisation/Pflegestellenbetreuung**
- ◯ **Notfallnummer Tierarztpraxis vor Ort**

Versicherungen & Rechtliches

- ◯ **Haftpflichtversicherung für Hunde**
  (bei Pflegestellen oft über den Verein abgesichert)
- ◯ **OP-Versicherung/Krankenversicherung**
  (optional, für Endstellen empfehlenswert)
- ◯ **Hund anmelden/Hundesteuer**
- ◯ **Sachkundenachweis/Wesenstest**
  (je nach Bundesland und Hunderasse)

Vorbereitung im Alltag

- ◯ **Rückzugsort schaffen**
  (z. B. in einer ruhigen, abgelegenen Ecke)
- ◯ **Familienmitglieder/Mitbewohner:innen einbeziehen**
- ◯ **Zeitfenster einplanen**
  (keine stressigen Termine in den ersten Tagen)
- ◯ **Gassistrecken vorab checken**
  (ruhige Gegend, wenig Reize, keine Hundewiesen)

Ansprechpartner:innen

(Nummern am besten in Handy und ausgedruckt hinterlegen)

- ◯ **Tierschutzorganisation/Vermittlungskontakt**
- ◯ **Tierarzt/Tierärztin/Tierklinik in der Nähe**
- ◯ **Tierheilpraktiker:in oder Verhaltenstherapeut:in**
  (für Rückfragen)
- ◯ **Hundetrainer:in mit Erfahrung im Tierschutz**
  (nicht jede:r ist dafür geeignet!)

Checkliste: Vorbereitung auf den ersten Tag mit einem Tierschutzhund

Zuhause vorbereiten

- ◯ **Rückzugsort einrichten**
  (kuschelig, ruhig, ohne Durchgangsverkehr – z. B. in einer Ecke mit Decken oder einer offenen Box)
- ◯ **Wohnung oder Haus sichern**
  (Türen, Fenster, Balkon, Gartenzäune – alles potenziell gefährlich für einen gestressten oder ängstlichen Hund)
- ◯ **Halsband und Sicherheitsgeschirr bereitlegen**
  (am besten auch einen Bauchgurt)

- ◯ **Futternapf und Wassernapf aufstellen**
  (ruhiger Ort, fern vom Trubel oder Durchgangsbereichen)
- ◯ **Leckerlis und Futter griffbereit halten**
  (ggf. bekanntes Futter aus dem Tierheim, keine Experimente am ersten Tag)
- ◯ **Spielzeug, Kaustangen & Decken bereitstellen**
  (aber ohne den Hund zu überfordern – passiv anbieten)

Tagesablauf planen

- ◯ **Ankunftszeit absprechen**
  (Transport, Übergabe etc.)
- ◯ **Genug Zeit einplanen**
  (mind. drei freie Tage am Stück nach Einzug, keine Termine!)
- ◯ **Erste Gassirunde vorher planen**
  (sichere, reizarme Route in der Umgebung kennen – keine Hundewiese!)
- ◯ **Familienmitglieder & Mitbewohner:innen briefen**
  (ruhig bleiben, nicht bedrängen, nicht auf ihn einreden)
- ◯ **Keinen Besuch einladen**
  (erst recht nicht zur „Begrüßung" – absolute Ruhe ist oberstes Gebot)

Ankunft & Übergabe

- ◯ **Auto sichern**
  (z. B. mit Transportbox oder Gurt)
- ◯ **Bei Übergabe Geduld zeigen – kein Begrüßungsdrama**
  (manche Hunde sind gestresst, andere sehr passiv – alles okay)

- ◯ **Kein Gassi direkt vor dem neuen Zuhause!**
  (erst drinnen ankommen lassen, dann in gesicherter Ausrüstung rausgehen)

Erwartung & Haltung

- ◯ **Nicht zu viel wollen**
  (keine „Willkommensspiele“, kein Training)
- ◯ **Rückzug respektieren, auch wenn es schwerfällt**
- ◯ **Emotionale Vorbereitung: Alles kann, nichts muss**
  (der erste Tag ist nur ein Anfang – er sagt wenig bis gar nichts über den Hund im Alltag aus)

Checkliste: Was tun, wenn ...?

Soforthilfe bei typischen Problemen & Notfällen

... dein Hund plötzlich Durchfall hat?

- ◯ **Ruhig bleiben**
  (einmaliger, weicher Kot kann stressbedingt sein)
- ◯ **Ab zur Tierarztpraxis, wenn der Durchfall anhält/wässrig/blutig ist**
- ◯ **Futter für zwölf bis 24 h reduzieren oder Schonkost geben**
  (z. B. gekochtes Hühnchen oder Morosche Karottensuppe)
- ◯ **Ausreichend Wasser bereitstellen**
  (Dehydrierung vermeiden)
- ◯ **Parasitenbefall, Futterunverträglichkeit oder Infekt als Ursache checken**

… dein Hund Panik beim Spaziergang bekommt?

- ◯ **Sofort sichern**
  (fester Griff an Halsband, Geschirr und Leine)
- ◯ **Nicht versuchen zu beruhigen durch Einreden o. Ä.**
  (lieber klar führen und die Situation verlassen)
- ◯ **Ruhe bewahren**
  (Körperspannung senken, gleichmäßig atmen)
- ◯ **In Richtung Rückzugsort bewegen**
  (nach Hause/ins Auto – keine neuen Reize)
- ◯ **Keine Konfrontation mit dem Auslöser**
  (z. B. Baustelle, Hund, Mensch)
- ◯ **Zu Hause ankommen lassen**
  (ggf. in sicherem Raum zur Ruhe kommen lassen)
- ◯ **Langfristig: Auslöser beobachten**
  (ggf. mit Trainer:in gezielt arbeiten)

… es zu einem Beißvorfall kommt?

Wenn dein Hund gebissen wurde:

- ◯ **Hund sofort sichern**
  (auch Maulkorb möglich, falls er aus Angst schnappt)
- ◯ **Wunde vorsichtig inspizieren**
  (tiefe Wunden können äußerlich harmlos wirken)
- ◯ **Tierarztpraxis aufsuchen**
  (auch bei kleineren Wunden – Infektionsgefahr)
- ◯ **Vorfall dokumentieren**
  (Fotos, Uhrzeit, Ort, ggf. Zeugen)

Wenn dein Hund gebissen hat:

- ◯ **Hund sichern**
  (keine Panik, ruhig handeln)
- ◯ **Verletzte Person versorgen lassen/Erste Hilfe leisten**
- ◯ **Kontaktdaten austauschen**
  (ruhig & kooperativ bleiben)
- ◯ **Unbedingt ehrlich gegenüber Trainer:in/Verhaltenstherapeut:in/Verein sein**
- ◯ **Hinterfragen: Gab es Vorzeichen?**
  (Schmerz, Angst, Überforderung?)
- ◯ **Langfristig: Verhalten einschätzen lassen**
  (Training aufbauen)

... dein Hund entläuft?

- ◯ **Ruhig bleiben**
  (nicht rufen, nicht verfolgen, kein Suchen mit Hektik!)
- ◯ **Rückzugsort offen lassen**
  (Haus, Auto, vertraute Stelle)
- ◯ **Sofort: Tasso/Findefix informieren & Suchmeldung aufgeben**
- ◯ **Polizei & Tierheime informieren**
- ◯ **Geruchsartikel auslegen**
  (Bettdecke, getragenes Shirt, Futter)
- ◯ **Sichtungen sammeln & koordinieren**
  (NICHT hinterherlaufen!)
- ◯ **Suchplakate, Social Media, Flyer**
  (ggf. Pettrailer oder Suchhundestaffel kontaktieren)

... du im Urlaub einen Hund in Not entdeckst?

- ◯ **Beobachten & einschätzen**
  (Wirkt der Hund verletzt, abgemagert oder orientierungslos? Trägt er ein Halsband oder sieht gepflegt aus?)
- ◯ **Standort merken & dokumentieren**
  (GPS-Standort speichern oder genaue Ortsbeschreibung notieren; Foto/Video zur Einschätzung machen (aus sicherer Distanz))
- ◯ **Lokale Hilfe informieren**
  (Tierschutzverein, Tierarztpraxen, Polizei oder Gemeinde kontaktieren; nachfragen, ob der Hund bekannt/vermisst wird)
- ◯ **Netzwerk aktivieren**
  (In lokalen Facebook-/Whatsapp-Gruppen posten; Ferienunterkunft, Hotel oder Einheimische um Hilfe bitten; Kontakte zu lokalen Tierschützer:innen herstellen)
- ◯ **Nicht unüberlegt einfangen!**
  (Kein Hinterherlaufen, kein Einfangen ohne Erfahrung; besser: Profis (z. B. Pettrailer, Tierschützer:innen) kontaktieren)
- ◯ **Versorgung anbieten**
  (Wasser & Futter hinstellen (bei vorsichtigem Verhalten); Rückzugsmöglichkeit lassen, nicht bedrängen)
- ◯ **Sichtungen weitergeben & koordinieren**
  (Alle Infos mit Ortsangabe und Uhrzeit dokumentieren; Sichtungen melden und ggf. vor Ort bleiben)
- ◯ **Dranbleiben – mit Herz & Verstand**
  (Nicht jeder Hund braucht Hilfe – aber jeder, der Hilfe braucht, verdient sie; Ruhe bewahren, Hilfe holen, niemals wegsehen)

Rechtliches in Kürze

Was bedeutet „Pflegestelle mit Option"?

Eine **Pflegestelle mit Option** ist ein Zuhause auf Zeit – mit der Möglichkeit, den Hund dauerhaft zu übernehmen. Du verpflichtest dich, den Hund bis zur endgültigen Vermittlung aufzunehmen, zu versorgen und an das Leben im Haus zu gewöhnen.

Wichtig:

- Du bist kein rechtlicher Eigentümer – der Hund bleibt im Besitz des vermittelnden Vereins
- Eine spätere Adoption ist möglich, aber nicht garantiert
- Der Tierschutzverein entscheidet am Ende, ob es zur Übernahme kommt

Was muss in einem Schutzvertrag stehen?

Ein **Schutzvertrag** regelt die Bedingungen für die Abgabe eines Tierschutzhundes. Er schützt sowohl den Hund als auch die vermittelnde Organisation und den neuen Haltenden.

Wichtige Bestandteile:

- Name & Daten von Halter:in und Organisation
- Beschreibung des Tieres (Rasse, Alter, Chipnummer, Besonderheiten)
- Hinweise zum Gesundheitsstatus & Impfungen
- Verpflichtung zur artgerechten Haltung, tierärztlichen Versorgung & Rückgabe im Notfall
- Übernahmegebühr („Schutzgebühr") zur Deckung eines Teils der Kosten
- Verbot der Weitergabe ohne Zustimmung
- Vorkontrolle/Nachkontrolle möglich

Haftung als Pflegestelle – was gilt?

Grundsatz: Die Haftung für Schäden, die der Hund verursacht, liegt – solange kein Eigentumsübergang stattgefunden hat – **bei der Tierschutzorganisation**, sofern vertraglich nicht anders geregelt.

Wichtig:

- Es sollte eine **Haftpflichtversicherung** bestehen, in der auch Pflegehunde eingeschlossen sind
- Viele Organisationen schließen für alle Hunde eine eigene Versicherung ab
- Als Pflegestelle haftest du **nicht automatisch**, solange du dich an die vertraglichen Vorgaben hältst

Einreisebestimmungen für Hunde aus dem Ausland (EU-weit, Kurzüberblick)

Ein Tierschutzhund darf nur einreisen, wenn er folgende Voraussetzungen erfüllt:

- **Mikrochip** (nach ISO-Norm, vor der Tollwutimpfung gesetzt)
- **Tollwutimpfung** (mind. 21 Tage vor Einreise, gültig)
- **EU-Heimtierausweis**
- **Gesundheitscheck durch Tierarzt** (mind. 24 Stunden vor Transport)
- **Registrierung beim TRACES-System** (für den legalen gewerblichen Transport durch eine Tierschutzorganisation erforderlich)

Wichtig:

- Hunde dürfen **frühestens mit 15 Wochen** legal ausreisen (acht Wochen & 21 Tage Wartezeit nach Impfung)
- Private „Mitbringsel“ ohne TRACES-Eintrag können rechtlich problematisch sein
- Bei Verstößen drohen Bußgelder, Quarantäne oder Einreiseverbot

Typisches Verhalten nach dem Einzug

Was (zunächst) ganz normal ist

Wenn ein Tierschutzhund in seinem neuen Zuhause ankommt, ist das für ihn ein absoluter Ausnahmezustand. Selbst bei „freundlich wirkenden“ Hunden laufen innerlich oft Stress, Überforderung und emotionale Verwirrung auf Hochtouren. Viele Reaktionen, die uns irritieren oder verunsichern, sind in Wahrheit **typisch für die ersten Tage bis Wochen oder auch Monate** und kein Grund zur Panik.

Hier einige Verhaltensweisen, die häufig auftreten und (zunächst) normal sind:

Der Hund zieht sich zurück, versteckt sich oder liegt nur still da

Das ist kein Zeichen von Undankbarkeit, sondern eine Überlebensstrategie. Viele Hunde frieren in neuen Situationen regelrecht „ein“ (Stichwort: **Freeze-Reaktion**).

Gib Zeit, sichere Rückzugsorte und lass den Hund in Ruhe ankommen. Zwang verschlimmert den Stress nur.

Der Hund frisst nicht oder trinkt kaum

Stress blockiert Hunger- und Durstgefühl. Viele Hunde nehmen erst nach 24 bis 48 Stunden Nahrung auf.

Beobachte – aber bedränge nicht. Achte auf Flüssigkeit. Frisches Wasser & kleine Portionen anbieten.

! Wenn der Hund nach 48 Stunden weder frisst noch trinkt oder stark abbaut: Tierarzt kontaktieren.

Der Hund macht kein Pipi/kein großes Geschäft

Auch hier spielt Stress eine Rolle. Manche Hunde „halten" ungewöhnlich lange, bis sie sich sicher fühlen.

Mehrere Gassiversuche, ruhige Umgebung, notfalls anfangs Garten mit Sichtschutz.

! Bei anhaltender Inaktivität über 24 Stunden tierärztlich abklären lassen.

Der Hund folgt auf Schritt und Tritt oder ist extrem anhänglich

Viele Hunde klammern sich aus Unsicherheit an die Bezugsperson.

Nähe unbedingt zulassen, das gibt Orientierung und Vertrauen.

Der Hund knurrt, zeigt die Zähne oder „warnt" bei Berührung oder Enge

Kein Zeichen von Aggression, sondern ein Versuch der Kommunikation: „Ich bin überfordert, geh weg."

! Niemals bestrafen! Stattdessen: Situation analysieren, Auslöser erkennen, Sicherheit schaffen. Knurren ist wertvoll: Der Hund spricht mit dir.

Der Hund „friert“ draußen ein oder will nicht Gassi gehen

Neue Gerüche, Geräusche, Menschen – eine Reizflut!

Nutze ruhige Zeiten, kurze Strecken, Routine.

! Doppelte Sicherung in den ersten Wochen ist Pflicht!

Der Hund schläft sehr viel

Er verarbeitet. Schlaf ist Selbstschutz, nicht Langeweile.

Biete ungestörte Rückzugsorte. Kein Dauerkuscheln, kein ständiges Animieren.

Der Hund wirkt unruhig, hechelt, läuft rastlos umher

Auch das ist Stressabbau. Manche Hunde brauchen Bewegung, andere Rückzug.

Biete Rituale, klare Abläufe, Reizarmut. Beruhigung braucht Geduld, kein „Durchpowern“.

Der Hund ist plötzlich „anders“ als bei der Übergabe/laut Profil

Kein Zeichen von Täuschung, sondern typisch! Viele Hunde zeigen ihr wahres Verhalten erst nach Tagen oder Wochen.

Was anfangs „ängstlich“ wirkte, kann sich in Übersprungshandlungen oder auch „Aufdrehen“ äußern.

Der Hund möchte plötzlich flüchten

Viele Hunde haben nie gelernt, sich in Gebäuden oder belebter Umgebung sicher zu fühlen. Sie könnten panisch auf Geräusche, Menschen oder andere Hunde reagieren, Fluchtversuche inklusive.

! Unbedingt doppelt sichern!

Zerstörung/Kauen auf Leinen, Möbeln, Sicherheitsgeschirr

Stress, Langeweile oder Angst führen oft zu Zerstörungsverhalten. Besonders häufig betroffen: Leinen, Halsbänder, Sicherheitsgeschirr, Hundebetten, Möbelstücke.

Versuche vorzubeugen und biete Alternativen zum Kauen an (z. B. Kauartikel). Management statt Strafe: Wohnraum sichern, Hund in Stressphasen nicht unbeaufsichtigt lassen.

Wichtig: Verhalten ist keine Charakteraussage, sondern Kommunikation

Ein Tierschutzhund braucht Sicherheit, nicht Bewertung. Rückzug, Knurren, Futterverweigerung oder Anhänglichkeit sind oft Zeichen von Stress, nicht von Fehlverhalten. Die meisten dieser Phasen regulieren sich mit Geduld, Orientierung und Zeit.

Wenn du dir unsicher bist, hol dir Unterstützung bei deiner vermittelnden Organisation oder einem tierschutzfreundlich arbeitenden Hundetrainer:in.

Begriffe aus dem Tierschutz – kurz erklärt

Was ist ein Shelter?

Ein Shelter (engl. für „Zufluchtsort“) ist eine Tierauffangstation oder ein Tierheim – meist im Ausland. Die Zustände dort sind oft sehr unterschiedlich: Manche Shelter bestehen nur aus Zwingern ohne viel Kontakt zu Menschen, andere ähneln kleinen Bauernhöfen mit gemischter Gruppenhaltung, begrenztem Personal und begrenzten Mitteln.

Was ist ein Flugpate/Flight Buddy?

Ein Flight Buddy (auch: Flugpate oder Flugbegleiter) ist eine Person, die bei einem regulären Flug einen oder mehrere Tiere begleitet, damit sie legal nach Deutschland oder in ein anderes Land reisen können.

Der Hund reist meist im Frachtraum oder in der Kabine, die Organisation kümmert sich um die gesamte Abwicklung, der Flight Buddy muss nur vor Ort mithelfen (Check-in, Übergabe beim Zoll).

Was ist ein Schutzvertrag?

Ein Schutzvertrag regelt die Bedingungen, unter denen ein Tierschutzhund abgegeben wird. Er enthält Angaben zum Hund, zur Haltung, zur Rückgabepflicht, Schutzgebühr etc. Er ist kein „Kaufvertrag", sondern ein Mittel, um sicherzustellen, dass das Tier artgerecht gehalten wird und nicht weiterverkauft werden darf.

Was ist ein EU-Heimtierausweis?

Der EU-Heimtierausweis ist ein offizielles Dokument, das für Reisen innerhalb der EU mit einem Hund erforderlich ist. Darin werden Chipnummer, Impfungen (vor allem Tollwut), Entwurmung und tierärztliche Daten dokumentiert. Nur mit gültigem Heimtierausweis ist eine legale Einreise möglich.

Was ist TRACES?

TRACES steht für Trade Control and Expert System – ein digitales Meldesystem der EU, das den legalen Transport von Tieren (z. B. aus dem Auslandstierschutz) dokumentiert. Jede Organisation, die Hunde grenzüberschreitend vermittelt, muss im TRACES-System registriert sein. Nur mit TRACES-Meldung ist die Einreise nach deutschem Recht vollständig legal.

Was ist ein Patenhund?

Ein Patenhund ist ein Hund, für den man aus der Ferne die Verantwortung mitträgt – meist durch eine monatliche Spende. Diese Hunde leben oft dauerhaft im Tierheim, sind schwer vermittelbar oder krank. Mit einer Patenschaft hilfst du konkret bei:

- Futterkosten
- medizinischer Versorgung
- alltäglicher Pflege

Manche Organisationen vergeben auch symbolische Patenschaften für Hunde, die noch ein Zuhause suchen. Dein Beitrag hilft, ihre Versorgung zu sichern, bis zur Vermittlung oder lebenslang im sicheren Zufluchtsort.

Wichtig: Eine Patenschaft ersetzt keine Adoption, kann aber für viele Hunde lebensverändernd sein.

Mehr Informationen: *tino-ev.de/patenschaften/tierpate-werden*

Was ist ein Panikgeschirr/Sicherheitsgeschirr?

Ein Panikgeschirr (auch Sicherheitsgeschirr) ist ein speziell entwickeltes Hundegeschirr mit drei Gurten: einem Brustgurt, einem Bauchgurt und einem zusätzlichen hinteren Sicherheitsgurt, der hinter dem Brustkorb sitzt. Dadurch wird verhindert, dass sich ein Hund – vor allem in Panik – aus dem Geschirr rückwärts herauswindet. In der Regel wird es mit der doppelten Sicherung verwendet.

Was bedeutet doppelte Sicherung?

Gerade bei der Ankunft eines Hundes aus dem Ausland, insbesondere bei ängstlichen oder unsicheren Tieren, ist eine doppelte Sicherung unerlässlich. Sie bezeichnet die gleichzeitige Sicherung des Hundes an einem Halsband und einem gut sitzenden Sicherheitsgeschirr, wobei jeweils eine separate Leine verwendet wird: Eine Leine wird am Halsband befestigt, die andere am Sicherheitsgeschirr, idealerweise am Bauchgurt. So wird das Risiko minimiert, dass der Hund sich in einer Schrecksituation losreißt oder aus dem Geschirr schlüpft. Besonders in den ersten Tagen und Wochen nach der Ankunft, wenn der Hund seine neue Umgebung noch nicht kennt und unvorhersehbar reagieren kann, ist diese Sicherungsform lebenswichtig. Als zusätzliche Absicherung empfiehlt sich außerdem ein GPS-Tracker, der im Ernstfall hilft, den Hund schnell zu orten.

Mittelmeerkrankheiten beim Hund

Überblick & erste Schritte

Was sind Mittelmeerkrankheiten?

Als Mittelmeerkrankheiten bezeichnet man mehrere infektiöse Erkrankungen, die vor allem in süd- und osteuropäischen Ländern vorkommen – insbesondere in Regionen wie Spanien, Portugal, Italien, Griechenland, Rumänien oder der Türkei. Sie werden hauptsächlich durch Zecken und Mücken übertragen und können monatelang oder sogar jahrelang unbemerkt verlaufen. Bei Verdacht, Fragen oder Unsicherheiten sollte unbedingt tierärztlicher Rat eingeholt werden – nur so können mögliche Erkrankungen frühzeitig erkannt und gezielt behandelt werden. Mehr Informationen unter: *www.parasitosen.de*.

Krankheit	Überträger	Symptome (möglich)	Diagnostik	Therapieansatz
Leishmaniose	Sandmücke	Hautprobleme, Gewichtsverlust, Müdigkeit, Nasenbluten	Antikörper-Bluttest + PCR	Oft lebenslange medikamentöse Behandlung notwendig
Ehrlichiose	Braune Hundezecke (Rhipicephalus sanguineus)	Fieber, Blutarmut, Nasenbluten, Apathie	Blutbild + PCR	Antibiotikagabe
Babesiose	Zecken (meist Oxides, Dermacentor)	hohes Fieber, blasse Schleimhäute, Organschäden	Blutuntersuchung + Blutausstrich	Sofortige therapeutische Maßnahmen, meist antiparasitäre Mittel
Dirofilariosis (Herzwurm)	Stechmücke	Husten, Atemnot, Leistungsschwäche, Herzinsuffizienz	Herzwurmtest-Antigen-Test + Bildgebung	Langwierige medikamentöse Therapie über Monate

Empfohlene Testung nach der Adoption

- **Ersttest:** sollte bereits im Vorfeld seitens des Tierschutzvereins gemacht worden sein, Wiederholung nach sechs bis zwölf Monaten, wenn Ersttest negativ war
- **Testumfang:** Leishmaniose, Ehrlichiose, Babesiose, Anaplasmose, Dirofilariose
- **Wichtig:** Nur ein negativer Schnelltest bei Ausreise reicht nicht für eine langfristige Einschätzung!

Wichtig für Adoptant:innen

- Ein positiver Befund ist kein Weltuntergang! Viele Hunde leben mit z. B. Leishmaniose ein gutes Leben – wichtig ist regelmäßige Kontrolle und gute tierärztliche Betreuung.
- Achtet bei der Tierarztwahl auf Erfahrung mit Auslandshunden – Mittelmeerkrankheiten sind in Deutschland nicht bei allen Praxen Routine.

Vorsorge & Nachsorge

- **Ganzjährige Zecken- und Mückenschutzmittel** (Tablette, Spot-on oder Halsband) – auch in Deutschland
- **Regelmäßige Blutkontrollen** (ein- bis zweimal jährlich bei bekannten Vorerkrankungen)
- **Tierärztliche Beratung bei Auffälligkeiten** wie Müdigkeit, Hautproblemen, Lahmheit, Appetitlosigkeit

Große Dachorganisationen & Tierheim-Finder

Deutscher Tierschutzbund e. V.:

Zentraler Dachverband mit über 1.200 Mitgliedstierheimen, inklusive eines Tierheim-Finders zur Suche in deiner Nähe
www.tierschutzbund.de/tierheim-finder

Tierschutz-Kontakte der Bundesländer:

Behördenzuständige Ansprechpartner in jedem Bundesland – für Fund- oder Missstandsanzeigen
www.bmel.de/DE/themen/tiere/tierschutz/tierschutz-kontakte-bundeslaender

VIER PFOTEN – Stiftung für Tierschutz:

Engagiert sich für Haustiere, Streuner, Kampagnen gegen illegalen Welpenhandel

www.vier-pfoten.de

TIERSCHUTZLIGA Stiftung Tier und Natur:

Betreibt acht eigene Tierheime in Deutschland mit Fokus auf artgerechte Haltung und nachhaltige Aufklärung

tierschutzliga.de

Fachorganisationen & Vereine

Pro Wildlife e. V. (München):

Schwerpunkt Wildtierschutz & Gesetzesarbeit

www.prowildlife.de

PROVIEH e. V. (Kiel):

Einsatz gegen Massentierhaltung, auch mit Klagebefugnis

www.provieh.de

Animals' Angels (Frankfurt):

Tiertransporte & Transitkontrollen europaweit

www.animals-angels.de

ANINOVA e. V. (Sankt Augustin):

Recherchen und Kampagnen gegen Massentierhaltung

aninova.org

Albert Schweitzer Stiftung (Berlin):

Für Ausstieg aus Käfighaltung & vegane Ernährung

www.ass-berlin.org

Bmt bund gegen missbrauch der tiere e. V.:

Tierschutz bundesweit in Tierheimen, Gnadenhöfen, Wildvogelpflegestation

bmt-tierschutz.bmtev.de

Inlandstierschutz & Adoption

Tierheim.de:

Verifizierte Tierheime aus DE/AT/CH; ausschließlich geprüfte Vermittlungen, umfassender Hunderatgeber

Shelta (TASSO):

Offizielles Online-Tierheimportal, gezielt für seriöse Inlands- und Auslandshunde

shelta.tasso.net

De Hun'nenhoff:

Tierschutzhof für Rollihunde

de-hunnenhoff.de

Pechpfoten e. V.:

Vermittlung von Hunden aus dem Inland

www.pechpfoten.de

Auslandstierschutz & Adoption

Tiere in Not TiNo e. V. Mönchengladbach:

Rettung von Straßenhunden mit Schwerpunkt Portugal und Rumänien in Zusammenarbeit mit örtlichen Tierschutzorganisationen wie P.A.T.A.S

tino-ev.de

Streunerglück e. V.:

Gemeinnützig tätig für Hunde/Katzen v. a. in Balkanländern sowie Deutschland

streunerglueck.de

SpecialDogs e. V.:

Rettung und Vermittlung von misshandelten Hunden in Rumänien

specialdogs.org

Pfotenhilfe Andalusien e. V.:

Rettung von Straßenhunden in Südspanien (Malaga, Cordoba, Lucena, La Rambla) und Valencia in Zusammenarbeit mit örtlichen Tierheimen

www.pfotenhilfe-andalusien.de

Tierrettung Ausland e. V.:

Rettung von Straßenhunden mit Auffangstation in Kaposvar, Ungarn

tierrettung-ausland.de

Deutsche Tierheime mit Partnertierheimen im Ausland

Tierheim Düsseldorf:

Das spanische Partnertierheim Ciudad Animal übergibt zweimal im Jahr ca. zehn Hunde an das Tierheim Düsseldorf

tierheim-duesseldorf.de/de/projekte-partnertierheim-ciudad-animal

Tierheim Köln Dellbrück:

Regelmäßige Aufnahme von Hunden aus den Partnertierheimen in Ungarn und Rumänien, außerdem Unterstützung notwendiger Baumaßnahmen und Anstellung von Tierärzten in den Tierheimen in Brasov und Pecs

tierheim-koeln-dellbrueck.de/ueber-uns/auslandstierschutz

Tierheim Kassel:

Zusammenarbeit mit den Tierheimen Kiskunhalas und Pecs sowie dem Bärenpark Zarnesti

wau-mau-insel.bmtev.de/ausland/kiskunhalas.html

Tierheim Bergheim:

Regelmäßige Aufnahme von Hunden aus den Partnertierheimen in Ungarn und Rumänien

tierheim-bergheim.de/ueber-uns/auslandstierschutz

Qualitätssicherung & Checklisten

VETO Tierschutz:

Checkliste zur Erkennung seriöser Tierschutzvereine

www.veto-tierschutz.de/magazin/hunde-ratgeber/serioese-tierschutzvereine-erkennen/

Deutscher Tierschutzbund:

Auslandstierschutz – Worauf muss ich achten, wenn ich mich für ein Haustier aus dem Ausland interessiere?

www.tierschutzbund.de/fileadmin/Seiten/tierschutzbund.de/Downloads/Berichte/Positionspapier_DTSchB_Tierschutztiere_aus_dem_Ausland_uebernehmen.pdf

Vier Pfoten:

Checkliste: Bereit für ein Haustier?

www.vier-pfoten.de/unseregeschichten/ratgeber-heimtiere/checkliste-haustier

Empfehlungen gegen Welpenhandel

Deutscher Tierschutzbund:

So funktioniert der illegale Welpenhandel im Internet

www.tierschutzbund.de/tiere-themen/illegaler-welpenhandel

Gegen illegalen Welpenhandel.de:

Hintergründe, Aufklärung und Lösungsstrategien

Vier Pfoten:

Illegalen Welpenhandel stoppen

www.vier-pfoten.de/kampagnen-themen/themen/heimtiere/hunde/illegaler-welpenhandel